南京水利科学研究院出版基金资助出版

砂卵石地基大型渠道的渗流与抗浮

谢兴华　赵廷华　张文峰　杨华军　编著

U0364085

黄河水利出版社

·郑州·

图书在版编目(CIP)数据

砂卵石地基大型渠道的渗流与抗浮/谢兴华等编著. —郑州:
黄河水利出版社,2010.7

ISBN 978 - 7 - 80734 - 882 - 5

Ⅰ.①砂… Ⅱ.①谢… Ⅲ.①南水北调 - 水利工程 -
渠道 - 砂土 - 地基处理 - 研究②南水北调 - 水利工程 - 渠
道 - 卵石 - 地基处理 - 研究 Ⅳ.①TV68②TV223

中国版本图书馆 CIP 数据核字(2010)第 161182 号

出　版　社:黄河水利出版社
　　　　地址:河南省郑州市顺河路黄委会综合楼 14 层　　　　　　　邮政编码:450003
发行单位:黄河水利出版社
　　　　发行部电话:0371 - 66026940、66020550、66028024、66022620(传真)
　　　　E-mail:hhslcbs@ 126. com
承印单位:河南省瑞光印务股份有限公司
开本:787 mm × 1 092 mm　1/16
印张:9. 5
字数:220 千字　　　　　　　　　　　　　　　　　印数:1—1 000
版次:2010 年 7 月第 1 版　　　　　　　　　　　　印次:2010 年 7 月第 1 次印刷

定价:28. 00 元

前 言

宽级配砂卵石颗粒组成复杂,颗粒粒径范围较大。大颗粒有可能构成堆积结构,细颗粒能够在水流作用下在大颗粒孔隙中自由移动,而不破坏堆积体整体稳定性(不发生渗透破坏)。因此,其渗透特性具有与一般非黏性土不同的特征。目前的工程设计计算方法并未考虑这一因素,仍然采用传统的渗透破坏理论,认为细颗粒开始移动时(渗透变形)的坡降为渗透破坏的临界坡降,并以此设防,往往会造成浪费,有的情况下难以满足规范要求。本书基于对南水北调中线一期工程黄北段的特殊地基渗透特性研究,以及各种洪水工况的渗流场模拟计算研究,试图在理论上探索能够客观描述砂卵石渗透特性的手段和方法,提出方便设计人员使用的简便易行的计算方法。

南水北调中线工程规模巨大,总干渠断面大,黄北段遇到特殊的地质条件,使得渠道设计既要防渗,又要考虑抗浮稳定问题,而且,各渠段地质、水文条件变化较大,使得设计工况复杂。为此,河南省水利勘测设计研究有限公司与南京水利科学研究院合作开展专题研究,本书是在此专题研究成果的基础上提炼总结而成的。本书对山前冲洪积砂卵石层渗透特性的研究,为该段总干渠底板抗浮稳定设计提供了较好的技术支撑。本书研究成果的出版,也将为类似工程设计提供重要参考。

本书内容还包含了参与专题研究的谈叶飞、冯瑞军的部分工作成果,并得到了宁博、耿妍琼等同事的支持。本书出版得到了黄河水利出版社岳德军编审等的积极帮助,出版社同仁的编辑工作使本书增色不少。本书由南京水利科学研究院出版基金资助出版,在此表示感谢。

由于作者水平所限,书中定有谬误之处,恳请读者批评指正。

作 者

2010 年 7 月

目　录

第1章　砂卵石渗透特性研究进展

河床砂卵石覆盖层属于非黏性颗粒体材料,多数见于山区河床或山前冲洪积地带。现有理论和研究方法都是来自于平原地区均匀砂基工程的研究,研究对象为颗粒级配相对均匀的非黏性砂土。我国的土工试验规程给出了测定渗透系数和测定渗透变形临界坡降的试验方法。

非黏性砂土渗透破坏研究一直是水利工程建设的一个重要问题,最期的研究多是与水闸基础稳定联系在一起的。20世纪70年代以前,国内研究多参考苏联的成果。80年代以后,随着对外开放学术交流的增多,才开始引进西方国家的研究成果,当时国内的研究水平与国外基本相当。具有代表性的研究团队主要是当时的南京水利科学研究院毛昶熙先生的研究团队和北京水利科学研究院刘杰教授的研究团队,另外黄河水利科学研究院、长江科学院也在砂土渗透变形方面有比较多的研究。发表了大量研究论文,出版了一批专著。

研究内容主要集中在砂土渗透破坏的形式以及相应的判别标准,非黏性土渗透系数的计算方法,以及非黏性土渗透破坏的试验方法研究。下面简单介绍具有代表性的研究成果。

1.1　砂土渗透变形破坏形式及判别方法研究

关于砂土渗透变形破坏形式,目前已经有了共识,可以归结为四种类型:管涌、流土、接触冲刷和接触流土。管涌土又可以分成发展型管涌土和非发展型管涌土,北京水利科学研究院刘杰教授认为,所谓非发展型管涌土"实际上属管涌和流土之间的过渡型"。接触冲刷和接触流土只在两种不同介质的接触面上发生,因此对于单一土层,渗透变形的形式主要是管涌和流土以及介于之间的过渡型。

对于单一土层发生管涌或流土破坏的判别,出现过多种方法,具有代表性的主要有以下几种。

1.1.1　不均匀系数法

这个方法是苏联 B.C. 伊斯妥明娜提出来的,有如下的判别式:

$$\begin{cases} C_u < 10 & \text{流土型} \\ C_u > 20 & \text{管涌型} \\ 10 < C_u < 20 & \text{过渡型} \end{cases} \tag{1-1}$$

B.C. 伊斯妥明娜在土的渗透稳定性研究方面的贡献主要表现在:①从理想土体的研究阶段进入了天然无黏性土的试验研究阶段;②阐明了一些无黏性土的渗透破坏特征,提出了自然界中土体渗透破坏的四种模式;③提出了将无黏性土区分为骨架和填料的概念,并以 1 mm 的粒径尺寸作为骨架和填料的区分界限,认为细颗粒的含量影响混合料的抗渗比降,渗透系数取决于填料的颗粒组成和在骨架中所占的比例;④首次将无黏性土的渗透变形特性与颗粒组成特性相联系。

实践证明,该方法只适用于级配连续的土,对于级配不连续的无黏性土,不均匀系数 C_u 不能反映颗粒组成曲线形状与粗粒料含量之间的关系,普遍适用性不强。

1.1.2 孔隙直径与细粒粒径比较法

该方法是以细颗粒某一粒径 d 与土体空隙平均直径 D_0 的比值来判断土体的渗透破坏形式。主要有以下两种方法:

(1)甫拉维登法。其基本原理是:

$$\begin{cases} \dfrac{D_0}{d} > 1.3 & \text{管涌土} \\[2mm] \dfrac{D_0}{d} \leqslant 1.3 & \text{非管涌土} \end{cases} \tag{1-2}$$

该方法认为,如果土体中细颗粒的流失量不超过总土重的 3%,土体的渗透稳定性不会受到影响。

(2)刘杰法。该法采用以下标准:

$$\begin{cases} D_0 > d_5 & \text{管涌型} \\ D_0 = d_3 \sim d_5 & \text{过渡型} \\ D_0 < d_3 & \text{流土型} \end{cases} \tag{1-3}$$

式中若采用 $D_0 = 0.63 n d_{20}$,上式变为:

$$\begin{cases} \dfrac{d_5}{d_{20}} < 0.63n & \text{管涌型} \tag{1-4} \end{cases}$$

$$\begin{cases} d_3 \leqslant 0.63 n d_{20}, \ d_5 \geqslant 0.63 n d_{20} & \text{过渡型} \tag{1-5} \end{cases}$$

$$\begin{cases} \dfrac{d_3}{d_{20}} > 0.63n & \text{流土型} \tag{1-6} \end{cases}$$

另外,康特拉夫还提出了单峰土和双峰土的概念,所谓双峰土,是指缺乏中间粒径的土,单峰土则指级配连续的土,并给出了判别式:

流土型 $\qquad\qquad\qquad D_0 = 0.214 \eta d_{50}$ （1-7）

式中 $\quad \eta$ ——系数,$\eta = \dfrac{d_n}{d_{100-n}}$;

$\quad d_n$ ——颗分曲线上含量为 n 的相应粒径;

$\quad d_{100-n}$ ——颗分曲线上含量为 $100-n$ 的相应粒径;

$\quad n$ ——土的孔隙率。

1.1.3 采用土体细粒含量来判别

随着研究深入,人们逐渐认识到影响土体渗透性和渗透变形形式的因素中,细粒含量是主要因素。马斯洛夫指出,砂砾料的渗透性主要取决于细料填充粗料孔隙的程度,填充得越完全,渗透性越小。伊斯妥明娜也提到细料对粗料孔隙的填充程度会引起渗透变形形式的变化。在这个问题上,国内学者做了深入研究。

(1)北京水利科学研究院刘杰教授根据细颗粒的体积等于粗粒(骨架颗粒)孔隙体积的原则,得到细粒含量为:

$$P_Z = \frac{\gamma_{d1} n_2}{(1 - n_2)\gamma_{s2} + \gamma_{d1} n_2} \tag{1-8}$$

式中　γ_{d1}——细粒本身的干容重;

　　　n_2——粗颗粒本身在密实状态下的孔隙体积;

　　　γ_{s2}——粗颗粒的容重。

在试验中,针对缺乏中间粒径的天然砂砾料进行修正,得到:

$$P_Z' = \frac{\gamma_{d1} n_2}{(1 - n_2)\gamma_{s2} + \gamma_{d1} n_2} + \frac{74}{\left(\dfrac{D_{15}}{d_{85}}\right)^{1.4}} \tag{1-9}$$

式中　D、d——骨架和填料的粒径。

如果砂砾料实有的细粒含量小于式(1-9)计算得到的 P_Z',则说明粗粒孔隙尚未被填料填满;反之,则说明细粒填料已经完全充填粗粒孔隙。对于缺乏中间粒径的砂砾料,判别式为:

$$\begin{cases} P_Z > 35\% & 流土型 \\ P_Z < 25\% & 管涌型 \\ 25\% < P_Z < 35\% & 过渡型 \end{cases} \tag{1-10}$$

(2)南京水利科学研究院沙金煊教授根据填料充满骨架孔隙时有下式成立:

$$n_Z = \frac{n}{n_{ck}} \tag{1-11}$$

式中　n_Z——填料本身的孔隙率;

　　　n_{ck}——骨架本身的孔隙率;

　　　n——全料的孔隙率。

推导出了

$$P_Z = \frac{\sqrt{n}}{1 + \sqrt{n}} \tag{1-12}$$

然后根据试验资料得到修正式:

$$P_Z = \alpha \frac{\sqrt{n}}{1 + \sqrt{n}} \tag{1-13}$$

式中　α——修正系数,一般取 $\alpha = 0.95 \sim 1.00$。

因此,有判别式:

$$\begin{cases} P_Z' > P_Z & 流土型 \\ P_Z' < P_Z & 管涌型 \end{cases} \tag{1-14}$$

1.1.4　采用渗透系数来判别

这种方法是由刘杰教授在总结 $C_u > 5$ 的无黏性土的临界水力比降与渗透系数的关系后得出的。它的理论基础是:对于多级配的砂砾石料,孔隙通道的大小取决于细粒的含量及粒径。如果细粒的含量大于30%,则整个土体孔隙大小取决于细粒的粒径和孔隙;如果细粒的含量小于30%,则细粒填不满砾石的孔隙体积,因此土体孔隙大小取决于砾石的粒径和孔隙。提出的判别式为:

$$\begin{cases} K > 0.02 \text{ cm/s} & \text{管涌型} \\ K < 0.003 \text{ cm/s} & \text{流土型} \\ K = 0.02 \sim 0.003 \text{ cm/s} & \text{过渡型} \end{cases} \qquad (1\text{-}15)$$

式中 K 为涌透系数。

以上各种方法,采用的判别指标和标准各不相同,都只适用于所研究的土类。对于粗粒与细粒(填料)粒径的划分标准并不尽相同,有的采用 1 mm 粒径,有的采用 2 mm 粒径。但这都是经验性的,对于不同种类的无黏性土,粗细料的划分标准并不相同,并且划分粗细料并不是目的,研究土体中粗细料的充填关系才是研究无黏性土渗透变形特性的根本。这要从无黏性土的级配关系以及粗细料颗粒与更大一级颗粒孔隙之间的填充关系来研究,才更加符合其客观物理本质。这都是需要进一步研究的问题。

1.2　砂砾石土承载骨架研究

最初,对于级配良好的无黏性土,并没有提出承载力骨架的概念。而是在研究粗细颗粒的填充关系时区分细颗粒和粗颗粒。所谓承载力骨架,是在研究级配特别分散的砂砾石料的渗透变形(破坏)问题时,先提出了抵抗渗透破坏的拱效应,而后才逐渐被人们认识并提出的。

苏联学者谢赫特曼在研究非黏性土的管涌现象时,采用了颗粒骨架和细颗粒填料的说法,并且根据试验提出了细颗粒能够随水流出的速度条件为:

$$u_* = u_0 + \frac{(1 - \xi)^2}{a} \qquad (1\text{-}16)$$

式中　u_0——起始临界速度;

　　　a——试验参变量;

　　　ξ——孔隙充填程度。

文中还给出了充填度 ξ 的计算方法。

在 1986 年的第二届水利工程渗流学术会议上,毛昶熙先生对当时的渗流研究现状作了比较全面的总结,其中在渗透稳定性研究方面说:在渗流研究的初期,渗流研究还没有涉及力在内的渗流冲刷、破坏或渗透变形等岩土工程稳定性问题。在渗流理论发展的头20 年间,曾经产生过渗流研究在实际应用中的怀疑。即使是在闸坝地基渗流的破坏也只是从调查统计资料出发,规定出最短渗径长度(Bligh,1910;Lane,1935),还没有归结到应用渗流理论来研究的层次。

太沙基(K. Terzaghi,1922)首先提出了渗流对岩土骨架破坏的主要因素是渗透力,并给出了简单实用的渗透力计算公式。同时,他在研究黑海淤泥质滩地的黏土试验中发现了孔隙水压力问题,并于1923年研究了与孔隙水压力密切相关的固结问题。为土体的渗透破坏分析打下了基础。明兹(1955)的著作《粒状材料水力学》为孔隙中颗粒流动的管涌现象提供了理论基础。随后,丘加也夫对渗透力和渗透阻力的理论进一步发展,并应用到闸坝地基(1962)和土坝(1967)的设计中去。达维登可夫(1964)对渗流稳定性作了全面的论述。伊斯妥明娜(1957)进行了大量试验和分析,给出各种不均匀系数土的管涌临界坡降值。鲁布契柯夫(1960)提出管涌土和非管涌土的概念。康德拉契夫(1958)提出发展性管涌和非发展性管涌等概念,都有实际意义。

R. 大卫登柯夫(1938)在试验中证实,反滤层中也存在拱效应,并且在形成拱以后,可以承受无限的渗透坡降,认为渗透水流的压力对它毫无影响,在反滤层设计时只要考虑颗粒级配组成,而不必关心渗透水流。当然,这一结论在肯定松散颗粒材料存在结构性的同时,也不免带有理想化的倾向。

苏联 E. A. 鲁布契柯夫在研究非黏性土的渗透破坏形式时,给出了理想非管涌土填充物颗粒粒径和骨架颗粒粒径的比值曲线:

$$\begin{cases} e_{i,k} = \dfrac{d_{i,k}}{D} = f(i) \\[2mm] e_{i,p} = \dfrac{d_{i,p}}{D} = f(i) \end{cases} \tag{1-17}$$

$$d_{i,k} = \frac{(2-\sqrt{2})^2 D}{2[(3-\sqrt{2}) + (i-2)(2-\sqrt{2})][(3-\sqrt{2}) + (i-1)(2-\sqrt{2})]} \tag{1-18}$$

$$d_{i,p} = \frac{(3-\sqrt{3})^2 D}{2[(6-\sqrt{3}) + (i-2)(3-\sqrt{3})][(6-\sqrt{3}) + (i-1)(3-\sqrt{3})]} \tag{1-19}$$

式中 D——土骨架颗粒粒径;

$d_{i,k}$、$d_{i,p}$——在骨架颗粒为立方体和菱形体排列情况时,第 i 级填充物的颗粒粒径, $i=0,1,2,\cdots$。

朱崇辉(2005)通过对不同级配粗粒土的渗透试验研究和相关性分析指出,粗粒土的渗透系数与反映其颗粒级配特征的不均匀系数和曲率系数存在较大的相关性,并以太沙基公式为例,将原有公式修正为与级配参数相关的函数表达式,从而体现出粗粒土渗透系数与级配特征的关系。

1.3　非黏性土渗透系数计算方法研究

非黏性土渗透系数的计算方法是从达西定律(Darcy's Law)导出的。最初,人们认为达西的渗透系数是一种经验系数。后来,随着研究的深入,人们逐渐认识到达西的经验系数代表了砂土的渗透特性,它反映了土的颗粒粒径大小、紧密程度、结构排列以及孔隙率等因素的综合指标,并且得出了砂土渗透系数的本构关系式:

$$k = \frac{gnD_0^2}{\alpha_2 32\nu} \qquad\qquad (1\text{-}20)$$

式中　α_2——孔隙形状修正系数；

　　　D_0——土体的有效孔隙直径；

　　　g——重力加速度；

　　　n——土体孔隙率；

　　　ν——流体的动力黏滞系数。

这里的 k 也有资料称之为渗透率（或水力传导系数），是与流体的黏滞性有关的。由于水工研究的流体是水，式（1-20）变为：

$$K = k\nu = 30.6\,\frac{n}{\alpha_2}D_0^2 \qquad\qquad (1\text{-}21)$$

可见，无黏性土的渗透系数主要取决于其有效孔隙直径，只要确定了土体有效孔隙直径的计算方法，渗透系数的计算式就基本确定。

计算无黏性土的有效孔隙直径有各种方法，其中有代表性的有以下几种。

1.3.1　理论方法

根据理想球体的两种典型排列方法：立方体方法和菱形方法，推导出有效孔隙直径的理论值

$$D_0 = (0.155 \sim 0.417)d \approx 0.286d \qquad\qquad (1\text{-}22)$$

式中　d——颗粒直径。

1.3.2　均匀无黏性土的有效孔隙直径

均匀无黏性土的有效孔隙直径的计算方法是在理论方法基础上，考虑土体颗粒及毛细管道形状修正系数提出的，有

$$D_0 = \frac{2}{3\alpha_1}\frac{n}{1-n}d \qquad\qquad (1\text{-}23)$$

式中　α_1——考虑土体颗粒及毛细管道形状修正系数，为天然土颗粒表面积与同等体积
　　　　　球体表面积的比值，对于天然砂砾石，α_1 的变化范围为 $1.5 \sim 1.9$，可以
　　　　　取 1.7。

再将理想球体紧密排列和疏松排列时的孔隙率代入，则有

$$D_0 = (0.137 \sim 0.356)d \approx 0.25d \qquad\qquad (1\text{-}24)$$

1.3.3　天然不均匀土的有效孔隙直径

在自然界中，经常可以见到无黏性土的颗粒级配曲线不同，但渗透系数却接近的情况。设想如果将天然不均匀土简化为一种等效的等粒径的均匀土，则天然不均匀土的等效孔隙直径就可以按照均匀土的方法来确定。这就转化为寻找非均匀土的等效粒径问题。

近百年来，提出了多种确定不均匀土等效粒径的方法。归纳起来有平均粒径法、中值

粒径法、半经验法、概率分析法等。

在研究非均匀土的渗透性问题的实践中,人们逐渐认识到了细颗粒在渗透性方面的主导地位。北京水利科学研究院的试验资料显示,水利工程实践中研究散粒体材料的渗透特性时通常采用5 mm的粒径作为区分粗粒料和细粒料的特征粒径。但从试验资料发现,5 mm的粒径对渗透性起不了控制作用,而应该增加其含量指标,方能控制材料整体的渗透性,并且在试验中发现,对于碎石土,随着细颗粒含量增加,渗透系数具有先减小、后增大的客观现象。南京水利科学研究院在研究长河坝水电站黑马料场心墙碎石土的渗透特性时也发现,当细粒含量为55%时,碎石土的渗透系数最低。

人们知道,无黏性土的渗透系数与其抗渗比降成反相关关系,渗透系数越小,其抵抗渗透破坏的能力越强,相应的抗渗比降越高;反之亦然。从以上研究内容和成果可见,对于无黏性土渗透系数的研究,归根到底是对材料颗粒级配关系和大小颗粒充填关系的研究。因为材料颗粒级配关系的不确定性,很难找到能够反映材料级配关系的粒径级别。因此,采用某一种特征粒径研究其渗透性的方法就不可避免地带有片面性。这也就是前述成果只适用于某一种无黏性土的根本原因。

研究实践已经证明,特征粒径能够代表该粒径所在的某一段粒径区间的材料颗粒级配特征,但不能代表该区间以外的粒径级配特征。这就是基于特征粒径方法推导的计算式与连续级配土的试验值更吻合的原因。所以,对于像河床砂卵石覆盖层这样的材料,必须考虑能够概括级配曲线形状的指标组合关系式,才能相对全面地反映它的级配、充填特点。

1.4 非黏性土临界坡降研究

砂土的临界坡降是工程渗透稳定性研究的重要问题,我国现行的《碾压式土石坝设计规范》(SL 274—2001)以及类似的规范都规定以允许坡降作为判别砂土是否能够保持渗透稳定的判据,而允许坡降就是临界坡降与安全系数的乘积。砂土的临界坡降研究一直是该领域研究的热点问题。针对不同的渗流问题曾经提出了多个理论的或半经验的计算公式,但是目前通过试验确定砂土的临界坡降是最常用的方法。

在理论研究方面,关于砂土的临界渗透坡降,历史上有许多试验公式来计算砂土的临界渗流速度或坡降,但多数只适用于他们所研究的砂土类型。其中有代表性的有太沙基(K. Terzaghi)公式:

$$I = (\delta - 1)(1 - n) \tag{1-25}$$

式中 I——临界水力坡降;

δ——砂土的比重;

n——砂土的孔隙率。

在土坝斜坡上渗流出口处,根据颗粒的力学平衡,得到临界坡降

$$I_0 = \frac{\gamma'}{\gamma_B}(\tan\varphi_{\varepsilon\sigma}\cos\alpha - \sin\alpha) + \frac{C_{\varepsilon\omega}l}{\gamma_B} \tag{1-26}$$

式中 I_0——临界坡降;

γ'——土的浮容重;

γ_B——水的容重；

α——斜坡的倾角；

$\varphi_{\varepsilon\sigma}$、$C_{\varepsilon\omega}$——砂土的内摩擦角和黏聚力；

l——在渗流方向上的长度。

当渗流方向自下往上时,临界渗透坡降为:

$$I_0 = \frac{\gamma'}{\gamma_B}(1 + \tan\varphi_{\varepsilon\sigma}) + \frac{C_{\varepsilon\omega}l}{\gamma_B} \tag{1-27}$$

实践证明,上述经验公式只适用于砂土密度较小,且不考虑砂土颗粒摩擦力和黏聚力的情况。砂土的黏聚力和摩擦力是渗透变形发生的阻力,在紧密的砂土中,颗粒相互间的摩擦力对提高临界坡降具有重要意义。因此,在渗透砂土上增加重力荷载会提高它的临界坡降。

在目前的河床砂卵石覆盖层地勘实践中,并未考虑砂卵石覆盖层加载后的临界坡降变化问题。地勘属于前期勘察阶段,砂卵石覆盖层的渗透系数和临界坡降一般是通过抽水(或压水)试验,并辅助进行室内试验得到的。试验过程没有加载,得到的试验成果也没有经过加载后的修正。

实际上建坝以后,坝体自重压缩砂卵石覆盖层,砂卵石覆盖层会发生比较大的沉降变形,同时其应力状态也大为改变。也就是说,运行期间砂卵石覆盖层的状态与地勘期间的状态已经大不相同。这时,因为受到压缩变形,河床砂卵石覆盖层的孔隙率变小,渗透系数也相应降低,临界坡降必然升高。可见,地勘得到的指标已经不能代表运行期间砂卵石覆盖层的渗透特性,必须进行相应的修正。遗憾的是,目前并没有类似的研究成果为指标修正提供参考,需要进行深入研究。

1.5　渗透变形(破坏)试验方法研究

在无黏性土渗透变形研究过程中,渗流试验扮演了重要的角色。离开试验,颗粒材料渗透变形研究是不可想象的。渗流试验分为实验室试验和野外试验。实验室试验已经发展了多种试验方法,包括砂模型试验、黏滞流模型试验、水力网模型试验(水力积分仪)、导电液模型试验、电阻网模型试验等。野外试验主要有压水试验、抽水试验、单环(双环)渗透试验等。另外,根据试验目的不同,还发展了多种特殊试验,比如接触冲刷试验、裂缝自愈试验、反滤层的保土抗渗试验等。这里详细叙述在实验室内进行的无黏性土渗透变形(破坏)试验。

1.5.1　常规渗透试验

常规渗透试验的试验目的是测定砂土的渗透系数,一般是定水头试验,也可做变水头试验。渗透变形试验用于测定砂土料的渗透变形临界坡降。这些试验都是常规试验,在《土工试验规程》(SL 237—1999)上都有详细的试验方法。其中,渗透变形试验根据研究对象的不同,又分从上往下渗透、从下往上渗透、水平渗透等,对于同一种砂土,各种方法测到的临界坡降并不相同。造成测量结果不同的原因是渗流方向的差异,导致渗透力的作用方向不同。常规渗透试验只测量试样上下游的水头差和流量,并推导渗透系数和渗透坡降,不测量试样的变形。

1.5.2　非常规渗透变形试验

非常规试验都是针对某一具体工程问题进行的砂槽模型试验。试验的相似律遵循坡降相似的原则,一般采用原状土。国内有多位学者针对不同的问题开展了具有特色的砂槽模型试验。冯郭铭、付琼华(1997)为研究天然层状土的渗透特性,设计了测定双向渗透系数的试验装置。李广信等(2005)利用砂槽模型试验研究了二元堤基管涌发展过程,得到了二元砂土管涌发生发展模式的定性描述,并得到了防渗墙深度与管涌发展的一些定量关系。毛昶熙(2004)根据源汇点理论推导出了计算管涌向上游冲蚀发展的简易公式和迭代计算方法,并通过砂槽模型试验研究了管涌产生和发展的水力条件。在试验中提出了管涌有害与否与沿程承压水头分布的不断调整和渗流量变化密切相关的结论。张家发等(2002)通过砂槽模型试验研究了长江堤防垂直防渗墙的作用效果,得出了悬挂式防渗墙对渗透变形的发生条件影响很小,但对渗透变形的扩展及模型破坏的条件影响显著的结论。砂槽模型试验最关键的是上表面砂卵石覆盖层的形式,不同的砂卵石覆盖层形式会影响临界坡降的取值。国内有多位学者采用不同的砂卵石覆盖层做过类似的试验,得到的结果却相差很大。有的采用有机玻璃板、水泥砂浆、黏土层、柔性密封水袋等。产生试验结果差异的主要原因是在接触面上容易产生接触渗漏,导致试验失败而又不易发觉。

1.6　渠道防渗研究

现有的渠道工程大多用于农田水利工程的大型灌区灌溉。在全球范围内,像南水北调这样的大型渠道目前建成的工程极少,建在砂卵石地基上的类似工程更是少见。

渠道防渗是一个古老的工程问题,据《新疆图志》记载,清光绪六年(1880 年),哈密县修石城子河时,左宗棠曾用毛毡铺垫渠坡渠底进行防渗,把水从山口引入灌区进行军屯。比新疆年代更久远的四川都江堰灌区,很早就采用干砌卵石的渠道防渗技术。

新中国成立以来,我国渠道防渗工作发展很快,防渗材料、衬砌结构和施工技术都取得了许多经验与研究成果。渠道防渗工程措施的种类很多,按防渗材料分,渠道防渗有土料、水泥土、石料、膜料、混凝土和沥青混凝土等类;就防渗原理而言,不外乎两类:第一类是在渠床上加做防渗层(体),第二类是改变渠道土壤渗漏性能。

根据所采用的原料和工程特点,可分为以下几种:

(1)土料防渗。土料防渗是指以黏土、灰土、三(四)合土等为材料修建的渠道。据实测资料,土料防渗每天每平方米的渗漏量为 $0.07 \sim 0.17$ m³,是一种技术简单、造价低廉的防渗技术。缺点是冲淤流速难以控制,在北方抗冻能力差,维修养护工程量大。目前,这种古老的渠道防渗措施已逐渐为新的防渗材料和技术所取代。

(2)水泥土防渗。水泥土防渗是将土料、水泥、水拌和而成,渗漏量与土料防渗效果相一致,为每天每平方米 $0.06 \sim 0.17$ m³。水泥土防渗因施工方法的不同,分为干硬性水泥土和塑性水泥土两种。水泥土防渗不宜在有冻害的寒冷地区使用，只适用于无冻害的地区。

（3）砌石防渗。根据所采用的原料和砌筑方法，砌石防渗分为干砌块石、干砌卵石、干砌料石和浆砌卵石、浆砌块石、浆砌料石等多种型式。砌石防渗的优点是可就地取材、抗冲刷和耐磨性能好。一般渠内流速可达 3.0 ~ 6.0 m/s，大于混凝土防渗渠的抗冲流速。就连干砌卵石的抗冲流速也在 2.5 ~ 4.5 m/s。其次，抗冻和抗渗的能力也较强。每千米的渗漏损失在 0.3% ~ 2.0%。但砌石防渗由人工施工，无法实施机械化，因而工程质量难以达到一致的标准。

（4）土工膜防渗。采用塑料薄膜或土工膜料防渗有较好的防渗效果，一般可减小90%左右的渗漏损失，同时具有施工速度快、造价低等优点。需注意的是，膜下需设垫层，保证土工膜与垫层接触面的稳定性，防止土工膜被刺穿而渗漏。

（5）混凝土板防渗。用混凝土板衬砌渠道是目前广泛采用的一种渠道防渗技术。其防渗效果优于其他各种防渗措施，一般能使渗漏损失减少 90% ~ 95%。其次，混凝土防渗的强度高，糙率小（$n = 0.014 ~ 0.07$），允许流速较高。

（6）暗管防渗。采用暗管输水防渗防冻是灌区输水系统中最为完善的型式，防渗效率一般在 95% 以上。虽然一次性投资较高，但使用年限长，一般可使用 30 年以上。用亩年投资费用比这一指标来分析，还是经济的。由于暗管防渗不受气候因素的影响，我国采用暗管防渗的输水工程项目也在不断增多。

我国各地气候、土质、材料、水渠等条件不同，防渗措施及防渗体结构也不尽相同。例如，在石料丰富地区，应首先考虑用块石、卵石或条石衬砌。随着石油工业和塑料工业的发展，用沥青材料和塑料薄膜防渗日益得到广泛采用。

土工膜防渗就材料本身而言存在光面膜、加糙膜、复合土工膜，以及各种厚度的土工膜。就铺设形式而言，有水平铺塑、垂直铺塑等多种形式。结合各种施工形式，开发了相应的机械施工设备，大大提高了施工效率。银川市唐徕渠渠堤防渗就采用垂直铺塑防渗，工程铺塑深度 8 ~ 9 m，PE 膜厚度 0.3 mm。设计标准断面如图 1-1 所示。

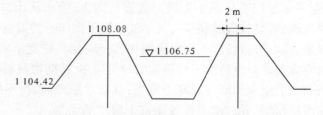

图 1-1　银川市唐徕渠渠堤防渗垂直铺塑示意图

加固土是一种新型的防渗材料，它是利用化学或生物技术，对土壤进行加固，并结合一定的工程技术措施使其达到工程使用的要求。国内外所应用的固化剂种类一般有电离子类、生物酶类、水化类等。固化材料广泛应用于道路、水利以及环保工程。ISS（Ionic Soil Stabilizer）是美国开发研制的一种新型的电离子土壤固化材料，是由多种强离子化合物组合而成的水溶剂，适用于黏土粒含量 25% 以上的各种土类。ISS 经稀释后均匀地按比例掺入土壤中，压实后通过电化原理改变黏土颗粒双电层结构，能永久地将土壤的亲水性变为疏水性,同时易于压实,形成坚固的板块结构。从20世纪70年代起,ISS已在世界上数十个国家与地区的水利、交通、旅游等行业得到广泛使用。

在我国,已建有一些固化剂的防渗渠道试验工程,如WH系列土壤固化剂在江西省兴国县长冈水库灌区塘石段渠道改造工程中的试验应用。固化剂"奥特赛特2000号"在山东省葛沟灌区节水改造工程进行土渠渠底土壤固化处理。在河套灌区选择了4种土壤固化剂进行渠道防渗试验,即HY高性能土壤固化剂、路特固LPC2600LE23001土壤固化剂、帕尔玛土壤固化酶、沙特固SSS固化剂。另外,液态液体固化剂有SR,外观为白色,只要在SR固化土中掺加适量的水泥,可以直接用做渠道防渗体,但尚未有工程实例。

1.7 渠道抗浮研究

灌溉用渠道一般建在地表土层之上,不存在抗浮问题。但南水北调中线一期工程黄北段位于砂卵石之上,并且一些渠段地下水位较高,存在抗浮问题。更重要的是,该地区汛期洪水来势猛,短期流量大,砂卵石地基渗透性强,对渠道底板浮托作用明显,需要开展专门的抗浮设计。

工程上,抗浮设计多用于地下结构工程、海洋结构工程等位于自然水位以下的工程构筑物的抗浮稳定问题。我国《地下工程防水技术规范》(GB 50108—2001)、《溢洪道设计规范》(SL 253—2000)等规范文件都有具体的抗浮技术措施标准。

抗浮设计方法种类较多,根据抗浮原理主要有"放"与"抗"两类。所谓"放",是指采取工程措施,将结构物底板之下的水压力释放,包括降水抗浮(见图1-2)和设观察井抗浮。所谓"抗",是指采用加载等方法抵抗结构物之下的水压力,包括配重抗浮、锚固抗浮(主要包括锚杆、抗拔桩(见图1-3)、锚索等)。

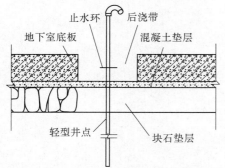

图1-2 排水降压抗浮示意图(华锦耀等,2003)

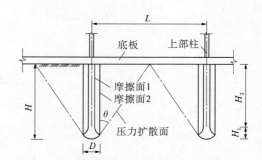

图1-3 扩底桩抗浮示意图(华锦耀等,2003)

人们在工程实践中,针对具体的工程条件,也提出了一些形式不同的抗浮措施。

1.7.1 抗浮锚桩法

此方法是在工民建工程中大量应用的抗浮技术,采用高压注浆工艺,使浆液渗透到岩土体的孔隙或裂隙中,锚杆侧摩阻力比抗拔桩大,更有利于抗浮,且造价低,施工方便。但是普通锚杆受拉后杆体周围的灌浆体开裂,使钢筋或钢绞线极易受到地下水的侵蚀,影响耐久性,抗浮锚杆与底板的结点是防水的薄弱环节。

1.7.2 盲沟降水抗浮

盲沟降水适用于黏土类渗透性低的地基上的建筑结构排水抗浮,是采用排水降压的原理达到抗浮的目的。盲沟降水抗浮的方法在使用中应注意其适用条件,当土层渗透性较大时不宜采用。对于大型池体底板下宜设置不小于 200 mm 厚的粗砂或级配碎石垫层,在垫层下设盲沟,盲沟可采用级配碎石或专用的透水盲沟管,盲沟和碎石层下宜设土工布反滤层。盲沟的深度应结合池体的尺寸确定,应根据其水力坡降保证池体中心部位地下水降至底板以下,盲沟的尺寸一般不小于 300 mm × 300 mm。池体的周边地下水位以下宜采用 300 mm 宽碎石回填,并与池底的碎石层相连,以加强降水效果。在池体周围地面标高处应设厚度不小于 600 mm 的黏土层,以减少地表水的渗入。在池体的周边应布置永久性降水井,降水井应与池周边的汇水盲沟相连。

第 2 章　粗颗粒砂卵石地基的渗流特性

冲洪积砂卵石具有颗粒粒径差别大、高孔隙率、级配不良的特点。其渗流特性对渠道结构的抗浮和抗变形设计意义重大。因此,在地勘阶段对砂卵石材料的颗粒组成及渗透特性开展详细研究,特别是现场试验资料的获取、分析应该给以足够重视。

2.1　河床砂卵石的颗粒组成特性

河床砂卵石由冲积或洪积而成,一般颗粒浑圆,较少棱角。颗粒堆积孔隙大,孔隙率较高。多数情况下,较大颗粒形成骨架,含量较少的细颗粒充填在大颗粒的孔隙中。在地下水渗流作用下,能够随水流自由运动而不受大颗粒限制。

受沉积过程影响,有些砂砾石含砂层或含泥层,在深度方向上呈交错分布状,各分层的厚度在不同位置也会有所变化,出现透镜体状,或在某些部位尖灭。

表 2-1 所示为某工程砂砾石颗粒组成及特征参数,可见大于 20 mm 的卵石颗粒含量基本都大于 60%。在这样的颗粒组成条件下,大颗粒一般能够独立形成骨架,支撑自身重量。细颗粒只作为充填物,其存在与否只影响砂砾石的渗透性,不影响整体稳定性。

表 2-1　某工程砂卵石颗粒组成及特征参数

岩性（时代）	颗粒组成			有效粒径	中间粒径	限制粒径	不均匀系数	曲率系数
	卵	砾	砂	d_{10}	d_{30}	d_{60}		
	20.0~200.0 mm（%）	2.0~20.0 mm（%）	0.05~2.0 mm（%）	（mm）	（mm）	（mm）	C_u	C_c
卵石（alplQ$_3^2$）	63.7	18.5	16	1.2	17.4	78.9	66.7	3.8
卵石（alplQ$_2$）	54.6	28.9	16.5	1.04	7	32.1	78.1	2.08
卵石（dlplQ$_3^2$）	63	21	16	—	—	—	101.3	4.1
卵石（alplQ$_4^1$）	61.6	21.5	16.9	5.1	19.7	53.5	51.8	3.1
卵石（alplQ$_4^1$）	67.5	17.2	15.3	0.47	17.75	47.2	100.85	15.05
卵石（alplQ$_2$）	63	22	15	1.8	12.7	46	52.2	2.6

2.1.1　砂砾石颗粒堆积形式

砂砾石渗透性体现了孔隙大小及连通形式,而了解砂砾石孔隙大小,必须先了解砂砾石颗粒的堆积形式。我们知道,砂砾石颗粒大小不一,难以一同来研究堆积形式。即便是相同大小的颗粒,也存在颗粒形状不同造成的堆积形式不一的情况。砂砾石颗粒大小是通过某一网筛,但又没有通过小一号网筛颗粒来定义的,同一级的颗粒并非尺寸完全相同,而是大小网筛孔径之间的一个粒径尺寸范围。同样的,同一粒径级别的颗粒还存在形状不同的问题(见图2-1)。一般地,为研究问题方便,首先假定颗粒都是标准的球形,然后再通过"形状系数"来修正。

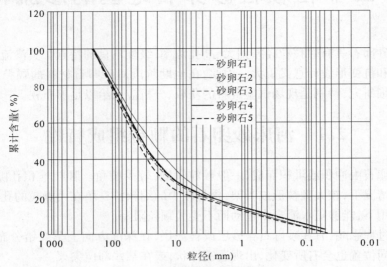

图2-1　某砂砾石的颗分曲线

　　稳定堆积的球体孔隙率从0.259开始逐步增大到0.476。孔隙率为0.259的球体堆积体系是所谓的菱形六面体堆积(见图2-2),孔隙率为0.476的堆积体系是所谓的立方体堆积(见图2-3)。有资料证明,存在不稳定堆积的孔隙率最大可达到0.875(A. E. 薛定谔,1982)。对于等粒径的球体模型,无论按照哪种方式排列,孔隙率都与球体直径无关。

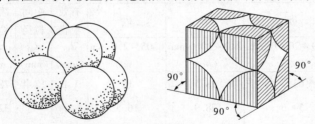

等直径球体菱形六面体排列 $n=0.259$

图2-2　球体颗粒的菱形六面体堆积

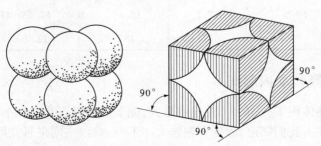

等直径球体的立方体排列 $n=0.476$

图2-3　球体颗粒的立方体堆积(J. 贝尔,1983)

在球体堆积体中,计算孔隙率比较难,但在截面上通过测量圆形所占面积比来推算球体在某一体积中所占的体积比就容易得到孔隙率的计算方法。关于在某一截面中,圆圈大小所占的面积与在某一体积中球体所占的体积之间的联系,可用下式给出(Fromm,1948):

$$g(r)\,\mathrm{d}r = 2r\mathrm{d}r\int_r^{\infty}\frac{\rho(R)\,\mathrm{d}R}{\sqrt{R^2-r^2}} \tag{2-1}$$

式中:$g(r)$的定义为,$Ag(r)\mathrm{d}r$表示在半径为r到$r+\mathrm{d}r$的截面面积A中的圆圈数;$\rho(R)$的定义为,$V\rho(R)\mathrm{d}R$表示在半径为R到$R+\mathrm{d}R$之间的体积V内的球体数。从而推出

$$\rho(R) = -\frac{1}{\pi R}\int_R^{\infty}\frac{r(\mathrm{d}g/\mathrm{d}r)\,\mathrm{d}r}{\sqrt{r^2-R^2}} \tag{2-2}$$

将式中$\mathrm{d}g/\mathrm{d}r$用级数展开,得到

$$\rho(R) = -\frac{1}{\pi}\sum_{m,n}(-1)^n a_{mn}\frac{\mathrm{d}}{\mathrm{d}R}\Big[R^n\frac{\mathrm{d}^n}{\mathrm{d}(mR)^n}K_0(mR)\Big] \tag{2-3}$$

式中 K_0——Hankel 函数。

$\rho(R)$可以理解成体积V中颗粒所占的比例,因此孔隙率

$$n = 1-\rho(R) \tag{2-4}$$

事实上,砂砾石的孔隙率受粒径分布的影响显著,小颗粒可以占据大颗粒之间的孔隙,使孔隙率减小。影响孔隙率的其他因素是压缩、固结和胶结。新建工程沉降(比如坝体沉降)使孔隙率变小。一般而言,随着埋藏深度变化,砂砾石孔隙率也会降低(压缩力随深度增大),Athy(1930)曾经用下式

$$n = n_0\exp(-\alpha d) \tag{2-5}$$

来表示孔隙率随深度变化,式中,α是系数,d是地面以下深度。孔隙减小的绝大部分原因是非弹性的颗粒间移动,是不可逆的。

2.1.2 渗透系数计算方法

球体堆积的颗粒组合形式是理论推导的假想模型,砂砾石的实际堆积形式与该理论模型总是存在一定出入的。从而使得推导出的孔隙率与实际存在一定误差,孔隙率大小对渗透系数的取值存在直接影响。我们引入"形状系数"来纠正由于颗粒堆积形式差别给渗透系数计算带来的误差。

太沙基(1955)提出过计算无黏性砂土渗透系数的经验公式:

$$K = 2d_{10}^2 e^2 \tag{2-6}$$

式中 K——渗透系数,cm/s;

d_{10}——有效粒径,即含量为10%的颗粒粒径,mm;

e——土的孔隙比,它与孔隙率n的关系为$n=\dfrac{e}{1+e}$。

当$e=0.707$时,式(2-6)就变为最早的哈臣公式(毛昶熙,2003):

$$K = d_{10}^2 \tag{2-7}$$

实际上,渗透系数综合体现了多孔介质骨架和渗透流体的性质。流体性质为密度 ρ 及黏度 μ 和它们的组合形式——运动黏度 ν。骨架性质主要是粒径分布、颗粒形状、比表面积、弯曲率及孔隙率。从达西定律或量纲分析可以看出,渗透系数可表示为:

$$K = \frac{k\gamma}{\mu} = \frac{k\rho}{\nu} \tag{2-8}$$

式中 k——多空骨架的渗透率,L^2,它仅与骨架性质有关,$\frac{k}{\mu}$ 表示流体性质的作用。

计算渗透率的经验公式有:

（1）平均粒径公式（见图2-4）：

$$k = 0.617 \times 10^{-11} d^2 \tag{2-9}$$

式中 d——颗粒平均粒径,μm。

（2）Fair-Hatch（1933）公式：

$$k = \frac{1}{m}\left[\frac{1-n^2}{n^3}\left(\frac{\alpha}{100}\sum\frac{P}{d_m}\right)^2\right]^{-1} \tag{2-10}$$

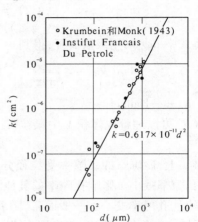

图 2-4 渗透率 k 与粒径 d 的关系
（J. 贝尔,1983）

式中 m——系数,试验值约为5;

n——孔隙率;

α——砂颗粒的形状因子,取值从球状颗粒的 6.0 到棱角状颗粒的 7.7;

P——相邻筛子之间包含的颗粒的质量百分数;

d_m——相邻筛子额定孔径的几何平均值。

（3）水力半径模型——Kozeny 方程：

$$k = c_0 n^3 / M^2 \tag{2-11}$$

式中 n——孔隙率;

M——比表面积;

c_0——Kozeny 常数,其取值见表 2-2。

表 2-2 Kozeny 常数 c_0 的取值

序号	管道断面形状	c_0 取值
1	圆形	0.5
2	正方形	0.562
3	等边三角形	0.597
4	矩形	0.667

（4）水力半径模型——Kozeny-Carman 方程：

$$k = \left[n^3/(1-n)^2\right]/(5M^2) \tag{2-12}$$

式中 n——孔隙率;

M——比表面积。

以上所有计算公式都是经验性的,各适用于不同的范围。还没有具有广泛适用性的计算模型可以用于工程设计。目前,在各种工程设计规范中,具体材料的渗透性参数主要通过试验得到。

2.1.3 渗透性的修正系数

如上节所述,渗透系数计算公式大都是经验公式,适用性受到限制。为了提高经验公式的适用性,不妨考虑引入修正系数来修正理论计算公式的偏差。其函数表示方法类似下式:

$$K = mK_{th} \tag{2-13}$$

式中　m——修正系数;

　　　　K_{th}——经验公式计算得到的渗透系数"理论值"。

$$m = \frac{K_{ex}}{K_{th}} \tag{2-14}$$

式中　K_{ex}——渗透系数试验值。

对基于理想球体推导的经验公式的修正系数,不妨称之为"形状修正系数",对于全级配的砂砾石,除颗粒形状的影响外,还包含了大小颗粒相互填充对孔隙率的影响。这种影响作用与颗分曲线关系密切。

2.1.4 砂砾石颗分曲线的数学表达

颗分曲线对松散颗粒材料的描述具有直观的特性,采用特征粒径描述材料的组成特性仅限于经验推演。对松散材料不同颗粒组成的比较研究仅限于对颗分曲线形状的直观认识,难以上升到严格理论推导的层面。颗粒组成与渗透特性的关系也没有严格的对应关系和统一的理论。因此,建立颗分曲线的数学描述方程,是开展砂砾石颗粒组成严格理论推演的基础。

因三次样条函数具有分段光滑和最佳逼近性质,它能够被用来逼近一些特殊形状的曲线。砂砾石典型颗分曲线如图 2-5 所示,在曲线上给定有限个数的点,然后得到三次样条曲线 $S(x)$。

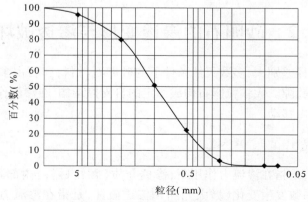

图 2-5　砂砾石典型颗分曲线

设三次样条曲线的二阶导数 $S''(x_j) = M_j \quad (j = 0, 1, \cdots, n)$，$S(x)$ 在区间 $[x_j, x_{j+1}]$ 上三次多项式，故 $S''(x)$ 在 $[x_j, x_{j+1}]$ 上是线性函数，则有

$$S''(x) = M_j \frac{x_{j+1} - x}{h_j} + M_{j+1} \frac{x - x_j}{h_j} \tag{2-15}$$

通过两次积分，并利用 $S(x_j) = y_j$ 及 $S(x_{j+1}) = y_{j+1}$ 得到 $S(x)$ 的表达式：

$$S(x) = M_j \frac{(x_{j+1} - x)^3}{6h_j} + M_{j+1} \frac{(x - x_j)^3}{6h_j} + \left(y_j - \frac{M_j h_j}{6}\right) \frac{x_{j+1} - x}{h_j} +$$

$$\left(y_{j+1} - \frac{M_{j+1} h_j^2}{6}\right) \frac{x - x_j}{h_j} \qquad (j = 0, 1, \cdots, n-1) \tag{2-16}$$

这里 $M_j(j = 0, 1, \cdots, n)$ 是未知的，需要求解，对 $S(x)$ 求导得

$$S'(x) = -M_j \frac{(x_{j+1} - x)^2}{2h_j} + M_{j+1} \frac{(x - x_j)^2}{2h_j} + \frac{y_{j+1} - y_j}{h_j} -$$

$$\frac{M_{j+1} - M_j}{6} h_j \tag{2-17}$$

由此求得

$$S'(x_j + 0) = -\frac{h_j}{3} M_j - \frac{h_j}{6} M_{j+1} + \frac{y_{j+1} - y_j}{h_j} \tag{2-18}$$

类似地，可求得 $S(x)$ 在区间 $[x_{j-1}, x_j]$ 上的表达式：

$$S'(x_j - 0) = \frac{h_{j-1}}{6} M_{j-1} + \frac{h_{j-1}}{3} M_j + \frac{y_j - y_{j-1}}{h_{j-1}} \tag{2-19}$$

利用 $S(x)$ 的一阶连续性性质，有 $S'(x_j + 0) = S'(x_j - 0)$，可得

$$\mu_j M_{j-1} + 2M_j + \lambda_j M_{j+1} = d_j \qquad (j = 1, 2, \cdots, n-1) \tag{2-20}$$

式中

$$\mu_j = \frac{h_{j-1}}{h_{j-1} + h_j}, \quad \lambda_j = \frac{h_j}{h_{j-1} + h_j} \qquad (j = 1, 2, \cdots, n-1) \tag{2-21}$$

$$d_j = 6 \frac{f[x_j, x_{j+1}] - f[x_{j-1}, x_j]}{h_{j-1} + h_j} = 6f[x_{j-1}, x_j, x_{j+1}] \tag{2-22}$$

2.2　砂卵石的渗透变形与渗透破坏

砂卵石颗粒粒径差别大，多数天然条件下的砂卵石材料，卵石占多数，细颗粒的体积小于大颗粒卵石的孔隙。大颗粒卵石构成稳定的自支撑结构，在渗流作用下，细颗粒能够在大颗粒孔隙内自由移动。

2.2.1　概念的提出

所谓渗透变形，是指在渗流力作用下，渗透介质（颗粒材料）内部颗粒组成结构发生变化，表现为渗透系数发生变化（增大）；所谓渗透破坏，是指在渗流力作用下，渗透介质（颗粒材料）发生宏观变形而失去自支撑能力（承载能力）。对于颗粒组成复杂、颗粒粒径

变化范围巨大的砂卵石材料,发生渗透变形时显然不会整体失稳。

2.2.2　渗透过程变化特性

众所周知,砂卵石材料(多孔介质)的渗透性取决于孔隙大小和连通程度,而渗透稳定性取决于堆积结构是否能够抵抗渗流作用力而保持稳定。在渗流作用下,坡降达到一定大小时细颗粒移动,部分被带出大颗粒孔隙,孔隙增多,连通性趋强,渗透系数增大。然而,这时堆积体的稳定堆积形式并未被破坏,砂卵石仍然稳定,并具备最初的承载能力,还未发生渗透破坏。

传统的渗流理论认为,在渗流过程中无黏性土细颗粒开始移动的时刻,就是渗透变形开始的时刻,也是渗透破坏开始发生的时刻。这时的坡降就是渗透破坏的临界坡降。细颗粒开始移动,渗透性开始变大,在 $J \sim v$ 曲线图上,$J \sim v$ 曲线开始出现拐点,即图2-6 的"破坏"点。

对于砂卵石材料而言,细颗粒在渗流力作用下,能够在大颗粒的孔隙内自由移动,细颗粒开始移动,砂卵石整体并未失去稳定。即使是自由堆积状态,仍然能够维持自身稳定性。在增加上部载荷的条件下,压实作用实际上增加正应力,更不易发生失稳破坏。因此,砂卵石在这时没有发生渗透破坏,渗透系数开始变化时的坡降不是发生渗透破坏的临界坡降。

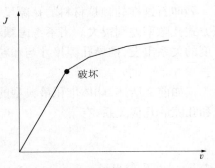

图2-6　砂土渗流过程 $J \sim v$ 曲线示意图

研究渗透破坏的目的是评价渗流作用下工程的稳定性,研究的是砂卵石是否失稳,而不是渗透性变化与否。在渗透性开始变化的初期,即渗透变形发生时,渗透系数增大只影响渗透流量,而不影响渗透稳定性。

砂卵石的渗流过程 $J \sim v$ 曲线不同于均匀砂土的 $J \sim v$ 曲线,往往会出现2个拐点,如图2-7所示。第一个拐点发生渗透变形,这时细颗粒开始移动,渗透系数开始增大。第二个拐点发生渗透破坏,砂卵石堆积体失稳坍塌,这时的坡降是渗透破坏临界坡降。发生渗透破坏时必然伴随渗透流量剧烈增大。

自然条件下,渗透变形与渗透破坏不同的情况也是常见的。雨季在山坡坡脚往往出现一些泉眼,在泉眼周围经常见到"砂沸"现象。细小

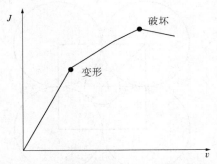

图2-7　砂卵石渗流过程 $J \sim v$ 曲线示意图

的砂颗粒随泉水流动上下翻滚,这就是发生了渗透变形。显然,这时泉眼周围并未沉陷,没有发生渗透破坏。在工程实践中,当堤防或大坝下游坡脚出现"砂沸"现象时,只要不出现浑水,一般不必启动抢险措施。

然而,砂卵石材料渗透变形和渗透破坏之间的"距离",即 ΔJ,并不是常量。不同颗粒组成的砂卵石发生渗透变形和渗透破坏的坡降变化间隔不同。这是因为,构成"骨架"

的颗粒粒径起点不同。构成"骨架"的颗粒粒径越大,发生渗透破坏的临界坡降越大。有些颗粒巨大的堆积体,即使细颗粒全部流光,也不会发生渗透破坏。比如堆石,由于颗粒巨大,构成大孔隙结构,水能够在孔隙中流动而消耗比较小的能量,因此不会发生渗透破坏。

砂卵石骨架的起点粒径是研究其渗透特性的关键参数。如何确定起点粒径要从颗粒堆积形式与孔隙结构的关系来研究。

2.2.3 颗粒堆积与孔隙尺寸的关系

砂卵石这样的颗粒材料的孔隙尺寸取决于颗粒堆积方式,前文已经探讨过,不同的堆积方式孔隙率差别很大。当不考虑颗粒形状时,从推导最简单的球体颗粒的堆积与孔隙尺度的关系出发,推导孔隙尺寸与颗粒尺寸的关系,然后推广到任意形状颗粒的孔隙材料中去。

正如前文所述,球体堆积最典型的是立方体堆积和菱形堆积。如图 2-8 所示,根据颗粒和孔隙的几何关系,有

$$r = R\left(\frac{1}{\cos\theta} - 1\right) \tag{2-23}$$

式中 r——孔隙半径;

R——颗粒半径。

则有

$$\frac{r}{R} = \frac{1}{\cos\theta} - 1 \tag{2-24}$$

图 2-8 颗粒立方体排列的 $\theta = \pi/4$,图 2-9 颗粒菱形排列的 $\theta = \pi/6$,则有孔隙与颗粒粒径的尺寸比 M 为:

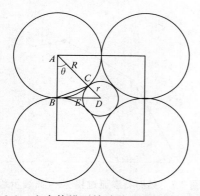 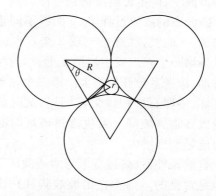

图 2-8　立方体排列的孔隙尺度计算示意图　　图 2-9　菱形排列的孔隙尺度计算示意图

$$M_{立方体} = \frac{r}{R} = \frac{1}{\cos(\pi/4)} - 1 = \frac{2 - \sqrt{2}}{\sqrt{2}} = 0.414 \tag{2-25}$$

$$M_{菱形} = \frac{r}{R} = \frac{1}{\cos(\pi/6)} - 1 = \frac{2 - \sqrt{3}}{\sqrt{3}} = 0.155 \tag{2-26}$$

这就有了孔隙直径和颗粒粒径的尺寸关系。

显然,天然砂卵石的颗粒形状绝少为正球形,多为鹅卵形状的卵石颗粒,其扁曲度也各不相同。这里同样引入 2.1.3 节的形状修正系数来对 M 进行修正,即

$$M^* = mM \tag{2-27}$$

2.2.4　孔隙尺寸的表示方法

类似于颗分曲线的原理,既然建立了孔隙尺寸的表示方法,就可以将砂卵石堆积体的孔隙组成用曲线表示。如图 2-10 所示,是某砂卵石的颗粒组成与不同堆积形式时的孔隙尺寸的对应关系。从图上不难得出粗细颗粒的充填关系。

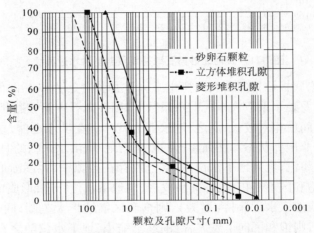

图 2-10　砂卵石颗粒组成与孔隙组成的关系

2.3　影响渠道底板扬压力的因素

南水北调中线一期工程总干渠在黄河以北处于华北平原西部边缘与太行山东麓的交接部位,穿行于山前冲洪积裙、硬质岩丘陵及部分砂丘、砂地等主要地貌单元。该段渠道基础为卵石层,透水性强。当渠外遭遇较大洪水或地下水位较高时,洪水形成的渗流扬压力作用于渠道底部,将影响渠道衬砌结构的稳定性,易对混凝土衬砌板形成顶托破坏,为确保工程安全,需采取有效的措施处理。

该渠段地下水位一般不高,正常运行时渠内水深 7 m,底板抗浮问题并不突出。汛期山洪迅猛,由于渠道基础砂卵石渗透性强,水压力通过砂卵石将迅速传入渠道底板,造成渠道底板扬压力升高。

2.3.1　洪水特性

洪水是造成渠道底板扬压力升高的主要水压力来源。由于渠段位于太行山麓、山前冲洪积扇,汛期山洪迅猛,洪水位高,但行洪时间短。典型洪水过程如图 2-11 所示,洪水在 8 h 内完全退落。洪水期间,砂卵石含水率变化大,地下水位受入渗水量影响也发生相应

变化。由图上数据可见,渠道底板扬压力水头峰值滞后于洪峰11 h,单个洪峰引起的渠道底板扬压力水头最大值1.29 m。流量最大值滞后于洪峰7 h,最大单宽流量1.69 m³/(h·m)。

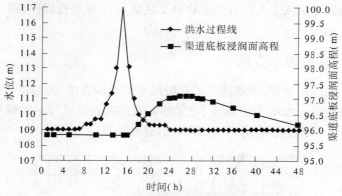

图 2-11　黄河北砂卵石地基渠段典型洪水过程线

在洪水期间,渠底板位置的浸润面变化滞后于洪水位变化,滞后时间长短取决于砂卵石地基的渗透性以及贮水系数大小。贮水系数大,则砂砾石中能够贮存的水量就大,地下水压力峰值滞后时间就相对较长;反之,贮水能力就小。在洪水之前,地下水位以上部分砂砾石处于干燥或非饱和状态。在强渗透的砂砾石地基,洪水来临的时候,渗入地下的水量一部分直接向下渗流,直到地下水位,一部分贮存在孔隙中,并逐渐形成饱和区。随着渗入水量的增大,饱和区不断扩大,并向下发展,与地下水位相连,形成饱和渗流通道。这时,如果洪水持续或渗入水量保持(增大),则饱和区继续扩大范围,同时抬高地下水位;如果洪水逐渐减小,则饱和区向下发展,范围逐渐缩小,地下水位随之升高。然后地下水位随浸润面变平缓,逐渐稳定,直到完全恢复。

渠道底板扬压力大小以及峰值滞后时间都与砂砾石渗透系数关系密切。在渗透性更强的渠段,渠道底板扬压力峰值将有所增高,滞后时间将缩短,单宽流量峰值也将增大(见表2-3)。

表 2-3　洪水期间渠道底板扬压力水头及渗水流量

行洪时间 (h)	洪水位 (m)	渠道底板 浸润面高程(m)	渠道底板 扬压力水头(m)	单宽流量 m³/(h·m)
1	109	95.81	0	0.008
2	109	95.81	0	
5	109	95.81	0	0.010
10	109.68	95.81	0	0.013
13	111.36	95.81	0	
15	117.04	95.81	0	0.017
16	113.05	95.81	0	0.922
18	110.01	96.2	0.39	1.050
20	109.34	96.54	0.73	1.500
22	109.34	96.84	1.03	1.690
24	109	97.04	1.23	1.400

行洪时间 (h)	洪水位 (m)	渠道底板 浸润面高程(m)	渠道底板 扬压力水头(m)	单宽流量 (m²/h)
25	109	97.07	1.26	1.190
26	109	97.1	1.29	0.930
27	109	97.09	1.28	0.811
28	109	97.09	1.28	0.639
29	109	97.04	1.23	
30	109	97.01	1.2	0.359
32	109	96.92	1.11	0.215
36	109	96.69	0.88	0.095
40	109	96.49	0.68	0.001
48	109	96.19	0.38	0

2.3.2 基础渗透特性

由于渠段正常条件下的地下水位不高,洪水之前渠道基础上部处于非饱和状态。洪水来临,渗水在基础内渗流,饱和区与地下水位相连,渗水从地表到达渠底板需要消耗一定的时间,时间长短取决于渗透性强弱。渗透性强,则水位变化快;渗透性弱,则水位变化慢。如果渠道基础渗透性足够弱,则有可能饱和区发展到地下水位以前,洪水过程已经结束。这时,短期洪水不会影响渠道底板扬压力。然而,强渗透的砂卵石则正好相反。

另一个方面,即使正常地下水位较高,洪水造成的饱和区很快到达地下水位,则水压力能够直接影响渠道底板扬压力。由于水在渗流路径上渗透需要消耗能量,消耗能量的大小取决于渗透阻力的大小。显然,渗透性强的介质渗透阻力小,渗透性弱的介质渗透阻力大。因此,像砂卵石这样的介质渗透性强,水通过砂卵石消耗较少的能量,则对渠道底板扬压力的影响就大。

2.3.3 渠道底板抗浮措施

渠道底板抗浮的措施有多种多样,但从原理上讲,不外乎两类:①渠底板增重;②排水降压。渠底板增重的措施包括增加底板厚度、开挖换填、底板加锚等。排水降压的措施包括减压井列降水、抽水强排、渠底板盲沟、渠底板排水管网等。渠底板增重措施中,增加底板厚度是最简单的措施,就是通过增加混凝土板的厚度,增加底板自身重量,来增强其抗浮能力。

开挖换填兼具增重和防渗的双重功能,也相当于在渠道底板以下增加一道土质压重,将扬压力作用面移至换填层面以下。由于换填土是当地材料,比起增加混凝土板厚度来,能够大幅度降低基建材料成本,并简化施工工艺。

而渠道底板加锚则是一种新型的抗浮措施,就是类似于边坡加锚,在渠道底板上设置锚杆或锚钉,锚杆另一端埋入砂砾石基础一定深度。通过锚杆的拉力来增加渠道底板的抗浮能力。

排水降压是防治扬压力问题的传统措施,排水降压的技术方法有排水沟、减压井、排水盲管(盲沟)等。

排水沟降压的技术要点是:在被保护区域周围或内部布置排水沟,排水沟的深度根据排水降压幅度要求而定(见图2-12)。在排水沟较深时,须在沟底布置反滤层,防止渗透破坏,排水沟在农田降水中应用较广。

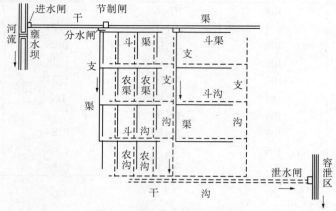

图2-12　排水沟布置示意图

减压井降压措施是指在降压保护区域水流方向的上游或下游,布置一定深度的井,构成井列,在井中抽水或自流排水,以达到降低水压力的目的。在一些水利工程中,比如堤防基础排水降压应用较多。长江荆州、同马堤段就大量使用减压井降低堤基渗透压力。在水电工程中,水电站厂房等大型地下隧洞围岩中都布置有减压井(或排水钻孔)(见图2-13)。

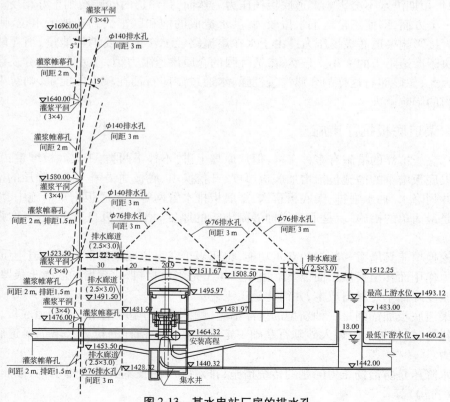

图2-13　某水电站厂房的排水孔

排水盲管(盲沟)降压措施是指在降压区域水工结构底部或底部地基中布置透水管,将渗水引入集水井或排水出口,以降低水工结构底部扬压力。排水盲管(盲沟)有多种形式,如图2-14所示。

图2-14　排水盲管(盲沟)的形式

2.4　小　结

砂卵石组成颗粒粒径差别大,一般渗透性强,地表洪水能够迅速传入地下,对渠道底板造成扬压力,严重时将破坏渠道底板。目前,砂卵石(孔隙)材料的孔隙率经试验测定,还没有解析计算方法。本节通过对颗粒组合关系的研究,提出了颗粒简单组合条件下的孔隙率计算公式,并通过颗粒形状修正系数来修正由于颗粒形状变化引起的孔隙率变化。文中也提出了测定颗粒形状修正系数的试验方法。

基于三次样条函数,推导了颗粒级配曲线的解析表达方法。通过有限个点即能够得到级配曲线的数学表达式,并通过孔隙孔径与颗粒粒径的关系系数,推导出孔隙孔径的分布曲线,称为"孔径曲线"。将颗分曲线与孔隙孔径曲线绘制在同一张图上,即可分析大小颗粒的充填关系。在这一方面,本章的研究仅是初步,更多的详细研究成果将在以后陆续发表。

第3章　渠道底板扬压力计算方法

3.1　底板扬压力及一般处理方法

在水工结构设计中,由测得的等水头线计算某点所受的扬压力水头$\frac{p}{\gamma}$,可从测压管水头h与等水头线之间的关系

$$h = h_r H + h_2 \tag{3-1}$$

和测压管水头与压力水头及位置高程间的关系

$$h = \frac{p}{\gamma} + z \tag{3-2}$$

得出计算某点扬压力水头的一般公式

$$\frac{p}{\gamma} = h_r H + (h_2 - z) \tag{3-3}$$

式中　　H——上下游水头差;

$\qquad$ h_r——计算点的等水头线百分比数,即水头差H的剩余百分数或分数比值;

$\qquad$ h_2——下游最低水位;

$\qquad$ z——计算点的高程,与h_2取同一基面。

为简便起见,计算扬压力水头时,取下游最低水面为基面,消去h_2项。

式(3-3)既可用以计算沿不透水底面各点的渗流压力,也可用以计算土坝内等压线的分布。

作用在闸坝底板下的扬压力,就是要把式(3-3)的渗流静水压力或土粒骨架间孔隙水压力计算引申到一个接触面上。因此,常会想到孔隙水压力作用的有效面积或所谓面积系数问题,对于松散体的砂性土,现已公认面积系数应采用1,即孔隙水压力应作用到全部底板面上或者其他任一个面上。这主要是由于土粒间的孔隙密集,土粒彼此接触点的面积极小,可视为点接触。即使沿某一接触面上,例如图3-1中的AB面,并非完全为孔隙水所贴上,但靠近该面总可以穿过孔隙水取一个曲折的粗糙平面CD,该面上将全部受到孔隙水压力而会再传给接触面AB。而实际上这一曲折粗糙的平面也是极接近所研究的平面,故认为100%的作用面积还是可以接受的。

同样可以把这种理解应用到地基中或饱和土坝内的任一研究平面,例如图3-1中的EF面上所受的总压力则为全面积上的孔隙水压力与其上土体的浮重再加上AB面受扬压力后的有效荷重,也就是土体饱和重加上AB面上的荷重。至于作用在EF面上土粒骨架上的有效压力,自然不能计入孔隙水压力。因为孔隙水互相连通,在没有通过EF面的流动时,只能对土粒形成静水浮力而减轻土粒的重量,故太沙基称此种孔隙水压力相对于

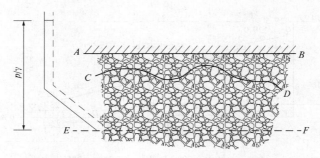

图 3-1　任意面上的孔隙水压力示意图

土粒间的有效应力来说为中性压力,如图 3-1 中的测压管中水头 $\frac{p}{\gamma}$。

关于黏性土体中的渗流,因为与颗粒状的点接触有别,而为胶状体所黏合的面接触情况,所以就不像上面所述有一个完全通过孔隙水的曲折粗糙平面所形成的全面积上受压状况。我们也可以想到,如果仍然存在那种粗糙平面,黏性土也就不能承受拉应力。所以,从这种概念推测,孔隙水压力对于某一平面作用的面积系数必然要小于 1,但是很多试验证明均甚接近于 1,这可能是由于胶体结合物和其薄膜水的绝大部分虽然不能通过渗流,但仍可传递孔隙水压力。

混凝土中的渗流与黏土中的相似,作用的面积系数均可采用 1 计算。至于岩石裂隙中的渗流作用面积问题研究尚少。苏联葛立兴的意见可采用面积系数 0.7 ~ 0.95。

沿闸坝不透水基底各点的扬压力水头可直接绘在该点的上方来构成扬压力分布线。目前,我国现行的《混凝土重力坝设计规范》(SL 319—2005)、《水闸设计规范》(SL 265—2001)都采用绘制扬压力线的方法来计算基础扬压力。扬压力线相当于在管道或管流所绘的水压坡线或水力坡线,也就是渗流的势能水头或测压管水头,即

$$h = \frac{p}{\gamma} + z = h_r H + h_2 \tag{3-4}$$

故可用式(3-4)直接计算扬压力线的位置高程。例如图 3-2 中的下游水位高程为 25.0 m,则 10% 等势线处的扬压力线高程为 $0.1 \times 5 + 25.0 = 25.5$(m),20% 等势线处为 $0.2 \times 5 + 25.0 = 26.0$(m),等等。这样,基底各点至扬压力线间的高度就是该点的压力水头,如图 3-2 中的 A、B 等点。同时,这样绘制的扬压力曲线在闸底板与护坦顶面高程固定的情形下,也不会因需要变更闸底板或护坦厚度而改变曲线的位置。因此,将扬压力线绘于底板下面较为有利(一般核算结果,厚度变更不大时,等势线位置可认为不变)。

关于扬压力线的变化趋势,一般在截墙、板桩等陡变点间的平直段均为近似直线变化。例如,闸坝基底各关键点(即主要的转变点、角点)的扬压力水头算得后,即可直线连接,如图 3-2 所示。

削减闸坝基底及下游护坦下的扬压力,可在上游加设防渗设施(水平的或垂直的),以增长上游渗径,相对地缩短下游渗径,使扬压力减小。浅透水地基还可用板桩切断。如果采用上游水平护坦防渗,必须使护坦与闸坝本身的衔接处牢固可靠,以防水向下游的推力使建筑物有所变形,造成衔接处的张开趋势(甚至微裂缝)和漏水通道。比较经济的措

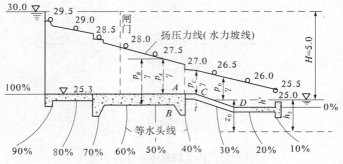

图 3-2 闸坝基础渗流的扬压力线

施是在下游加设反滤排水,其中最简便者为在下游护坦开排水孔。如果排水孔底下有一层排水反滤料,则效果更大。另对于成层或下面透水性渐增的地基,则可建造减压井以形成一道排水帷幕。

一般情况,下游护坦或静水池的最前端及斜坡面处扬压力的威胁最为严重,加上开闸放水的地表水流,经常是一个破坏的弱点。因此,最好在此处铺设反滤层排水减压。为防止排水出口的淤塞和地表水冲击的影响,并发挥其最大减压效果,可将排水出口引到闸墩的尾部及其两侧最低水面下,如图 3-3 所示。如果闸很窄,也可将排水出口引到两侧岸墙上。

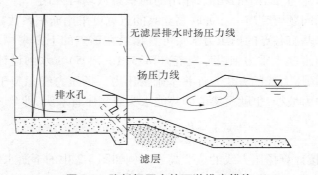

图 3-3 降低扬压力的下游排水措施

需要指出的是,加设排水设施削减扬压力与渗流坡降存在一定矛盾,故应在满足渗流坡降的要求下尽可能削减扬压力。只要做好反滤层,保护渗流出口,就能提高允许的渗流坡降。

3.2 渗流计算的有限单元法概述

具有自由面渗流场的数值分析计算,由于在计算中自由面边界是未知的,因而渗流计算变得复杂和困难,通常用迭代逼近的方法来求其近似解。

具体的算法包括变网格法迭代和固定网格迭代。早期的方法是将自由面作为可动边界处理的变网格法。此法直接引用 20 世纪 60 年代中期 Zienkiewicz 等最初解简单有压流问题时的方法,在求解迭代过程中修改自由面,并使网格发生相应的改变,直到自由面稳定。这一方法虽被成功地应用于渗流问题的分析,但在实践中遇到了许多难以解决的问题,主要有以下几个方面:①当初始自由面与最终自由面相差较远时,网格过分变形导致单元畸形,甚至会出现相邻单元交叉的错误,导致计算结果错误甚至计算无法收敛;②渗流域内有结构物时,网格移动会改变结构边界;③自由面附近有不均匀介质,特别是水平成层介质时(这种情况在岩土渗流问题中经常遇到),要使网格移动又不会改变分区边界,程序处理十分困难;④求解包含有自由面渗流域的应力分布时,求解范围应包括自由面以上的区域,这时,该类变网格渗流分析方法难以用同一套网格分析渗流场和应力场的分布,增加了有自由面渗流域应力分析的工作量。

为解决上述问题,国内外一些学者致力于研究有自由面渗流问题分析的新算法。这些算法的核心是在计算中保持网格不变,即固定网格法(或不变网格法)。它采用扩大了的渗流区域和固定边界(通常是全部区域和边界)来求解各种各样的渗流问题。自 Neuman 于 1973 年提出用不变网格分析有自由面渗流问题的 Galerkin 方法以来,出现了多种固定网格法,如稳定渗流计算的剩余流量法(于 1983 年推广到非稳定渗流计算),变分不等式方法,单元渗透矩阵调整法,稳定渗流计算的初流量法,结点虚流量法,虚单元法,稳定渗流计算的截止负压法等。

上述诸方法各有其特点,在实际工程复杂渗流问题的计算分析中发现,以上所述方法,仍有某些特殊情形下的分析结果存在不如人意之处。为此,有学者从渗流的物理特征出发,提出了一种具有自由面渗流场分析的干区虚拟流动不变网格方法。

3.3　饱和渗流基本方程及有限元分析计算式

饱和渗流的基本方程为:

$$K_x \frac{\partial^2 H}{\partial x^2} + K_y \frac{\partial^2 H}{\partial y^2} + K_z \frac{\partial^2 H}{\partial z^2} = 0 \qquad (3\text{-}5)$$

式中　x,y,z——渗透主方向;

　　　K_x, K_y, K_z——主向渗透系数;

　　　H——水头势。

取 8 节点等参单元离散渗流场,则单元内的水头分布为:

$$H(x,y,z) = \sum_{i=1}^{8} N_i H_i \qquad (3\text{-}6)$$

应用 Galerkin 方法将微分方程(3-5)离散,经推导整理得到:

$$\sum_e \iiint_{\Omega_e} \left[K_x \frac{\partial N_i}{\partial x} \frac{\partial H}{\partial x} + K_y \frac{\partial N_i}{\partial y} \frac{\partial H}{\partial y} + K_z \frac{\partial N_i}{\partial z} \frac{\partial H}{\partial z} \right] \mathrm{d}x\mathrm{d}y\mathrm{d}z$$

$$= \sum_{\Gamma_e} \iint_{\Gamma_e} \left[K_x \frac{\overline{\partial H}}{\partial x} \cos(n,x) + K_y \frac{\overline{\partial H}}{\partial y} \cos(n,y) + K_z \frac{\overline{\partial H}}{\partial z} \cos(n,z) \right] \mathrm{d}\Gamma \qquad (3\text{-}7)$$

显然,当整个区域全部处于承压状态(如坝基渗流)时,便可直接依式(3-7)建立代数方程组,进行求解即得到所要求的渗流水头场。然而,对于具有自由面的渗流问题,其实际渗流区域往往小于整个渗透介质的区域。由于自由水面正是渗流分析所需要求解的量,因而实际渗流域是未知的。这一点正是渗流分析较固体力学问题求解复杂的根本点,从而也决定了具有自由面渗流场不可能一次性直接解出,而必须反复迭代计算获得逼近于真解的数值解。另外,渗流计算问题是典型的边界问题,边界条件对计算结果影响极大。为了得到较准确的渗流场,计算中尽量选用明确可靠的边界条件,如河流边界、分水岭等,从而导致天然渗流场计算区域比结构计算截取的范围大得多,使计算的前期准备工作量也大大增加。

3.4 干区虚拟流动不变网格模拟分析方法

由带有自由面渗流问题的物理特征知,自由水面具有以下显著的物理特征:

(1)自由面上任一点的水头势必等于相应点处的位置势(或压力水头势 $p/\gamma = 0$);

(2)自由面两侧不存在水流的交替,亦即自由面又相当于隔水边界。

事实上,对于自由水面以上部分的干区域来说,是不存在水流运动的。但干区域与饱和区域的分界面(浸润面)事先是未知的。故此,为了解决分析过程中有限元网格的不变性,就必须将所谓的干区域和饱和区域统一起来进行分析。根据自由面的物理特征(可先假定自由面位置,初始解可看做整个区域均为饱和区,但已知的边界条件以实际作用范围代入分析,通过迭代最终确定),为模拟自由面的相对隔水性,理论上讲,可将自由面以上干区域的渗透性人为地命其为零,即可完全模拟出自由面的隔水性。但干区域与饱和区域的联立统一求解,将导致由有限元法形成的代数方程组奇异而无法进行求解。根据工程实践经验和数值计算分析总结,仅需将干区介质的渗透性缩小 100~1 000 倍,即可达到模拟自由面相对隔水性的物理特性。这样,干区与饱和区可以进行统一求解。然而,统一求解的流场在干区内是没有实际物理意义的,属于一种虚拟流动。为此,称其为"干区虚拟流动法"。于是,式(3-5)不仅用于饱和区渗流的水流运动描述,亦适用于自由面以上干区的虚拟流动描述,从而得到关于具有自由面渗流饱和区域与干区域的统一描述关系。

$$K_x \frac{\partial^2 H}{\partial x^2} + K_y \frac{\partial^2 H}{\partial y^2} + K_z \frac{\partial^2 H}{\partial z^2} = 0$$

其中

$$K_x = K_x(p) = \mu(p) K_{x,s} \qquad (3\text{-}8)$$

$$K_y = K_y(p) = \mu(p) K_{y,s} \qquad (3\text{-}9)$$

$$K_z = K_z(p) = \mu(p) K_{z,s} \qquad (3\text{-}10)$$

$$\mu(p) = \begin{cases} 1.0 & p \geq 0 \\ 1.0 \times 10^{-3} & p < 0 \end{cases} \qquad (3\text{-}11)$$

式(3-8)~式(3-10)中,$K_{x,s}$、$K_{y,s}$、$K_{z,s}$ 为介质的饱和渗透系数(亦即常规定义的渗透系数)。

3.5 自由面穿过的单元体分析模拟

当自由面穿过某一单元体时,便将该单元体划分为两部分:一为自由水面以上部分的干区,二为自由水面以下部分的饱和区。为计算和编程处理上既方便,又能保证计算精度,可在对式(3-7)进行数值积分时,根据高斯积分点的位置高程与相应点处的总水头

（单元内部插值结果）进行判别。

$$\mu_{(p),G} = \begin{cases} 1.0 & H_G \geqslant Z_G \\ 1.0E^{-3} & H_G < Z_G \end{cases} \tag{3-12}$$

并以式（3-12）值代入式（3-8）～式（3-10）进行计算。如有必要，亦可通过对这一类单元实行加密高斯点方法，以进一步提高计算精度。

3.6　出渗边界模拟

出渗边界是自由面的延续，在该边界上应恒满足其边界上的节点水头势等于位置势，即

$$\bar{H} = Z_\Gamma \tag{3-13}$$

由于出渗边界是自由面（浸润面）的延续，因此出渗边界范围也是未知的，有待计算求解，同样存在迭代求解的问题。我们知道，计算分析的自由面是通过压力水头 $p/\gamma = 0$ 的条件插值求得的。然而，对于出渗边界来说，其上各点恒满足 $p/\gamma = 0$。故此，出渗边界范围无法通过插值求得。正因为如此，出渗边界条件既带有第一类边界条件的属性，但出渗边界范围又不是已知确定的。同样，在处理时，仍从其物理特征出发，即实际出渗节点的必要且充分条件是，在出渗边界上的节点必须有水流出溢。从而，计算分析中，对于真实出渗边界节点的确认条件为：

$$|H_i - Z_i| < \varepsilon, \quad Q_i < 0 \tag{3-14}$$

这里定义节点流量以流入渗流域为正，流出渗流域为负。

在满足式（3-14）条件下的可能出渗边界节点（静水位以上所有临空面上的节点均视之为可能出渗边界节点）才认为是真实出渗节点，以第一类边界条件视之。令

$$H_i = Z_i \tag{3-15}$$

且式（3-14）中的等效节点流量计算关系式为：

$$Q_i = \sum_e \iiint_{\Omega_e} \left[K_x \frac{\partial N_i}{\partial x} \frac{\partial H}{\partial x} + K_y \frac{\partial N_i}{\partial y} \frac{\partial H}{\partial y} + K_z \frac{\partial N_i}{\partial z} \frac{\partial H}{\partial z} \right] \mathrm{d}x\mathrm{d}y\mathrm{d}z \tag{3-16}$$

其中，N_i 为 i 节点的形函数，$\sum_e$ 表示对与 i 出渗节点有关的单元求和，K_x、K_y、K_z 的取值同式（3-8）～式（3-10）。

不难看出，在迭代过程中，真实出渗节点总数是变化的，当迭代至收敛于稳定解时，才是不变的。一般来说，初始求解，可将全体可能出渗点视做真实出渗点，进行迭代求解。

3.7　渗流控制分析中密集排水孔模拟方法

排水孔是实际工程特别是水工建筑物中极为重要的渗控措施之一，应用非常广泛。然而，由于排水孔的孔径尺寸较小（5～10 cm），排列密集，数量众多，从而导致在渗控分析中对排水孔模拟的困难。总结前人关于渗控分析中对排水孔模拟的研究成果，大致可分为以下三类方法：①以沟代井法，即将离散布置的排水孔通过某种等效原则，以连续的

排水沟模拟;②节点水位约束法,该方法是在有限元网格形成时,将节点置于排水孔轴线上,通过水位约束模拟排水孔的作用;③排水子结构法,该方法由张有天等率先提出,其基本思想是,根据排水孔的走向,布置较为合适的母单元,于母单元内围绕排水孔再布置尺寸较小的单元,逐步过渡到与母单元周边相衔接,从而形成一个"排水子结构",并根据排水孔的性质,将排水孔壁上的节点视为边界约束节点。同时,为解决存贮量过大问题,对子结构引用"凝聚"方法,将排水孔的作用"凝聚"到母单元节点上,从而较真实、全面地模拟了排水孔的作用机制和效应。

从上述三类排水孔的模拟方法看,笔者认为,排水子结构法是对排水孔模拟较详尽的一种方法,它较全面地揭示了排水孔的作用。但是,排水子结构用于众多排水孔时,其子结构形成和计算工作巨大。另外,由于排水孔子结构母单元剖分及子结构的形成取决于排水孔的走向,因此当排水孔位置、间距、走向、方位需要改变时,不仅子结构形成必须从头开始,而且有限元分析区域网格也得随着排水孔位置、走向等改变而重新调整,这一工作量之大是可想而知的。然而,相对较优的渗控布置系统往往需要在大量的方案比较基础上才能最终确定。由此可以看出,排水子结构法作为渗控优化的计算手段来说,就显得很不灵活。尤其是对于复杂的渗控排水系统进行优化分析比较,更显得力不从心。

针对排水子结构法的不足,本书采用一种解析法与有限元相结合的方法,将排水孔的作用效应,以排水孔的空间位置、走向及其边界性质的有关几何参量加以描述,从而使得对排水孔作用的模拟既有相当高的精度,又具有适应各种变化的高度灵活性,真正便于开展渗控系统优化布置计算分析的应用。为此,本书首先研究单个排水孔作用的准解析表达式,然后应用干扰井群的叠加原理,推广到一个单元内含多个排水孔的情况。

3.8　各向异性渗流问题的基本解

在各向同性的无限渗流域中,已知点汇的基本解为:

$$H_{(r)} = \frac{Q}{4\pi K r} + C \tag{3-17}$$

式中　Q——汇的强度;

　　　K——渗透介质的渗透系数;

　　　C——任意常数;

　　　r——空间内任一点到汇点的距离。

命 $r \to R$ 时,无限域内的水头场分布趋于均匀分布,其水头值为 H_R,则有:

$$H_R = \frac{Q}{4\pi K R} + C$$

所以

$$H_R - H_{(r)} = \frac{Q}{4\pi K}\left(\frac{1}{R} - \frac{1}{r}\right) \tag{3-18}$$

对于各向异性渗流问题,通过引进坐标变换:

$$\begin{cases} x' = \sqrt{\dfrac{K}{K_x}}\,x \\[2mm] y' = \sqrt{\dfrac{K}{K_y}}\,y \\[2mm] z' = \sqrt{\dfrac{K}{K_z}}\,z \end{cases} \tag{3-19}$$

其中

$$K = \left[K_x \cdot K_y \cdot K_z \right]^{1/3} \tag{3-20}$$

不难推得对应于各向异性渗流问题的基本解,与式(3-18)相对应:

$$H_R - H_{(r)} = \frac{Q}{4\pi K}\left(\frac{1}{R} - \frac{K}{\sqrt{K_y K_z x^2 + K_z K_x y^2 + K_x K_y z^2}} \right) \tag{3-21}$$

故此,在一个汇点作用下,无限域中任一点$(r \leqslant R)$关于R处的广义降深为:

$$S = \frac{Q}{4\pi K}\left[\frac{1}{R} - \frac{K}{\sqrt{K_y K_z x^2 + K_z K_x y^2 + K_x K_y z^2}} \right] \tag{3-22}$$

式中R又可称之为点汇的影响半径。当$R \to \infty$时,则有

$$S_{(r)} = -\frac{Q}{4\pi\,\sqrt{K_y K_z x^2 + K_z K_x y^2 + K_x K_y z^2}} \tag{3-23}$$

3.9 各向异性无限渗流域中单个排水孔作用的解

如图3-4所示,设排水孔的轴线为AB,已知A、B两点的坐标为(x_A, y_A, z_A)和(x_B, y_B, z_B),则直线段AB的方程可表示为

$$\begin{cases} x = x_G + lt \\ y = y_G + mt \qquad (-L \leqslant t \leqslant L) \\ z = z_G + nt \end{cases} \tag{3-24}$$

其中,G点为AB线段的中点,l、m、n为直线AB的方向余弦,即

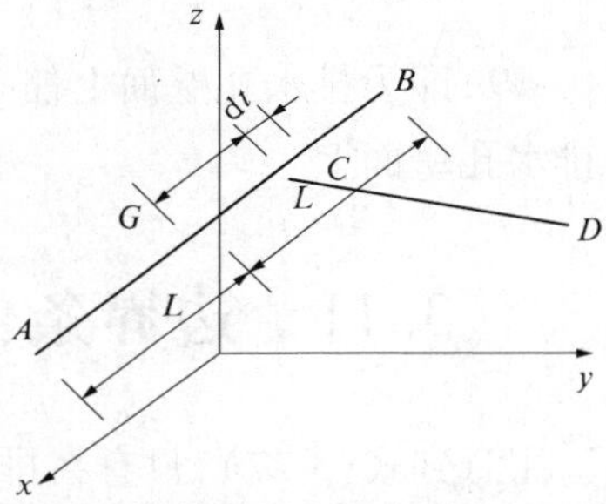

图3-4　单个排水孔段作用分析示意

$$\begin{cases} x_G = (x_A + x_B)/2 \\ y_G = (y_A + y_B)/2 \\ z_G = (z_A + z_B)/2 \end{cases} \tag{3-25}$$

及

$$\begin{cases} l = (x_B - x_A)/(2L) \\ m = (y_B - y_A)/(2L) \\ n = (z_B - z_A)/(2L) \end{cases} \tag{3-25'}$$

　　根据渗流理论,排水孔的排渗作用等价于沿着排水孔轴线上作用有一系列的汇。结合到具体应用,一个排水孔可视其所穿越的单元数分成相应的段数。因此,不妨假设在排水孔段AB范围内,点汇的强度为均匀分布,均布强度为q。在直线AB上的G点处,取一

微元 dt，在该集中汇的作用下，引起区域内 D 点 (x,y,z) 处的广义降深记为 dS，则有

$$dS = \frac{qdt}{4\pi K}\left[\frac{1}{R} - \frac{K}{\sqrt{K_yK_z(x-x_G)^2 + K_zK_x(y-y_G)^2 + K_xK_y(z-z_G)^2}}\right] \quad (3\text{-}26)$$

对式(3-26)在 $[-L,L]$ 上对 t 积分并整理得到：

$$S = \frac{qL}{2\pi KR} - \frac{q}{4\pi\sqrt{c}}\ln\left[\frac{\sqrt{c}\sqrt{a^2 - 2bL + cL^2} - (b - cL)}{\sqrt{c}\sqrt{a^2 + 2bL + cL^2} - (b + cL)}\right] \quad (3\text{-}27)$$

其中：

$$\begin{cases} a = \left[K_yK_z(x-x_G)^2 + K_zK_x(y-y_G)^2 + K_xK_y(z-z_G)^2\right]^{1/2} \\ b = K_yK_zl(x-x_G) + K_zK_xm(y-y_G) + K_xK_yn(z-z_G) \\ c = K_yK_zl^2 + K_zK_xm^2 + K_xK_yn^2 \end{cases} \quad (3\text{-}28)$$

这里式(3-27)即为沿排水孔轴线 AB 段汇作用为均匀分布时渗流域内任一点的广义降深表达式。

3.10　排水孔几何边界的数学描述

已知排水孔的轴线方程式(3-24)，设排水孔的半径为 r_0，则可推得排水孔壁面的几何解析关系式为：

$$\begin{cases} l(x-x_G) + m(y-y_G) + n(z-z_G) = t \\ (x-x_G)^2 + (y-y_G)^2 + (z-z_G)^2 = t^2 + r_0^2 \end{cases} \quad (-L \leqslant t \leqslant L) \quad (3\text{-}29)$$

式(3-29)即为排水孔壁面上任一点必须满足的关系。也就是说，满足式(3-29)的点，必位于排水孔壁面上。

3.11　边界条件分析及单个排水孔的准解析式

注意到式(3-27)，只有在排水孔段 AB 上的均匀分布汇的强度 q 为已知的条件下才能直接应用。然而，对于实际工程中的排水孔来说，其降深往往较容易测得。为此，不妨设 AB 线段上的降深为线性分布，记 A、B 点的降深为 S_A、S_B，则有：

$$S_\Gamma = \frac{S_A + S_B}{2} + \frac{S_B - S_A}{2L}t \quad (-L \leqslant t \leqslant L) \quad (3\text{-}30)$$

对于式(3-27)，在排水孔段边壁上的降深可写为：

$$S_\Gamma = \frac{qL}{2\pi KR} - \frac{q}{4\pi\sqrt{c_\Gamma}}\ln\left[\frac{\sqrt{c_\Gamma}\sqrt{a_\Gamma^2 - 2b_\Gamma L + c_\Gamma L^2} - (b_\Gamma - c_\Gamma L)}{\sqrt{c_\Gamma}\sqrt{a_\Gamma^2 + 2b_\Gamma L + c_\Gamma L^2} - (b_\Gamma + c_\Gamma L)}\right] \quad (3\text{-}31)$$

其中，a_Γ、b_Γ、c_Γ 为排水孔壁几何边界值代入式(3-28)的结果。

由式(3-28)~式(3-31)可以看出，对于各向异性渗流问题，其边界条件是相当复杂的，故采用等效的方法来确定边界条件，这种近似处理，对区域内的解影响微弱。令

$$\begin{cases} a_\Gamma = \left[K_y K_z (x - x_G)^2 + K_z K_x (y - y_G)^2 + K_z K_y (z - z_G)^2 \right]^{1/2} \\ \quad \approx K \left[(x - x_G)^2 + (y - y_G)^2 + (z - z_G)^2 \right]^{1/2} = K \sqrt{t^2 + r_0^2} \\ b_\Gamma = K_y K_z l (x - x_G) + K_z K_x m (y - y_G) + K_x K_y n (z - z_G) \\ \quad \approx K^2 \left[l(x - x_G) + m(y - y_G) + n(z - z_G) \right] = K^2 t \\ c_\Gamma = K_y K_z l^2 + K_z K_x m^2 + K_x K_y n^2 \approx K^2 \end{cases} \tag{3-32}$$

将式(3-32)代入式(3-31)整理得到：

$$S_\Gamma = \frac{qL}{4\pi KR} - \frac{q}{4\pi K} \ln \left[\frac{\sqrt{r_0^2 + (t - L)^2} - (t - L)}{\sqrt{r_0^2 + (t + L)^2} - (t + L)} \right] \tag{3-33}$$

为确定式(3-33)中的 q，命式(3-33)和式(3-30)在 $[-L, L]$ 区间上的积分相等，即解得 q。

首先，对式(3-30)积分得：

$$\int_{-L}^{L} S_\Gamma \mathrm{d}t = (S_A + S_B) L \tag{3-34}$$

再对式(3-33)积分得到：

$$\int_{-L}^{L} S_\Gamma \mathrm{d}t = \frac{qL^2}{2\pi KR} - \frac{q}{2\pi K} \left[\sqrt{r_0^2 + 4L^2} - 2L \ln \frac{2L + \sqrt{r_0^2 + 4L^2}}{r_0} \right] \tag{3-35}$$

注意到排水孔半径 r_0 一般均较孔段长度为小，即 $L/r_0 >> 1$，所以式(3-35)可近似简写如下：

$$\int_{-L}^{L} S_\Gamma \mathrm{d}t \approx \frac{qL^2}{2\pi KR} + \frac{qL}{\pi K} \left(\ln \frac{4L}{r_0} - 1 \right) \tag{3-36}$$

联立式(3-34)和式(3-36)解得

$$q = \frac{2\pi KR (S_A + S_B)}{L + 2R \left(\ln \frac{4L}{r_0} - 1 \right)} \tag{3-37}$$

将式(3-37)代入式(3-27)即得到单个排水孔作用下的准解析式：

$$S = \frac{(S_A + S_B) L}{L + 2R \left(\ln \frac{4L}{r_0} - 1 \right)} - \frac{KR (S_A + S_B)}{2\sqrt{c} \left[L + 2R \left(\ln \frac{4L}{r_0} - 1 \right) \right]} \times$$

$$\ln \left[\frac{\sqrt{c} \sqrt{a^2 - 2bL + cL^2} - (b - cL)}{\sqrt{c} \sqrt{a^2 + 2bL + cL^2} - (b + cL)} \right] \tag{3-38}$$

同时，由式(3-38)可求得排水孔段 AB 在孔段端点降深为 S_A、S_B 时的排渗流量为：

$$Q_{AB} = q \cdot 2L = \frac{4\pi KRL (S_A + S_B)}{L + 2R \left(\ln \frac{4L}{r_0} - 1 \right)} \tag{3-39}$$

3.12 排水孔群的相互干扰作用分析

对于密集型排水孔布置来说，在渗控有限元分析时，单元体一般不可能剖分得很小，单元体尺寸常较排水孔间距为大。因此，一个单元体内常包含有众多排水孔段。所以，在分析一个单元体内多个排水孔段联合作用时，必须考虑其相互干扰效应。

一般来说，在一个单元体内的排水孔段是相互平行的。为简化分析，将单元体内的 n 个排水孔段等效为长度相等的 n 个排水孔段，并假定等效后 n 个排水孔段的排渗流量相等。根据降深叠加原理，应用式（3-37）或式（3-38），可推得 n 个排水孔段联合作用下，孔段群几何形心处的降深与总体排渗流量之间的关系：

$$Q = \frac{8\pi K \cdot nR \cdot L \cdot S_0}{2nL - R\ln\left[F_{01}, F_{02}, F_{03}, \cdots, F_{0n}\right]} \tag{3-40}$$

式中　n——排水孔段个数；

　　　　R——影响半径；

　　　　L——n 个排水孔段平均长度之半；

　　　　S_0——n 个排水孔段几何形心处的降深；

　　　　F_{0i}——第 i 个排水孔段对 n 个排水孔段几何形心 o 点处降深的影响函数，由下式计算：

$$F_{0i} = \frac{\sqrt{c}\sqrt{a_{0i}^2 - 2b_{0i}L + cL^2} - (b_{0i} - cL)}{\sqrt{c}\sqrt{a_{0i}^2 + 2b_{0i}L + cL^2} - (b_{0i} + cL)} \tag{3-41}$$

3.13　排水孔准解析式与有限元的耦合分析

前面通过有关数学推演，获得了在 n 个排水孔段共同作用下的降深与总排渗流量的准解析关系。在渗流控制有限元分析中，如何将上述解析关系进行应用，存在耦合问题。上述解答的推得，是在承压和影响半径 R 范围以外为均匀水头场的条件下进行推演的。因此，在将上述解答应用于一个单元内部时，首先须判断所属区域，即饱和区、干区（地下水位以上）、过渡区（部分饱和部分干区）。为此，必须对三种情形区别对待。

3.13.1　干区内的排水孔段

对于干区内的排水孔段，显然，这部分的排水孔段不起任何作用，可不参加计算分析，该单元视之为无排渗孔。

3.13.2　饱和区内的排渗孔段

为直接应用上述准解析关系，可根据单元体的节点水头计算出单元体的平均值，先近似将单元体的水头场视为均匀分布。依上述解析关系，求出单元体内 n 个排水孔段共同作用下的降深，并进一步求出总排渗量 Q。降深的计算，取决于排水孔的工作条件：①排渗孔的边界条件为水头值等于其位置势（向上排水孔）；②坝基减压孔边界条件为水头值等于溢流口高程（向下排水孔）。根据连续性条件，只需将该流量值分配于单元节点，参加整理有限元求解即可。

$$Q_i = -QN_{i(0)} \tag{3-42}$$

式中，负号表示渗出，$N_{i(0)}$ 表示 i 节点形函数于 n 个排水孔段形心处的值。为考虑单元体水头分布的非均匀性,可以在上述分配关系基础上,考虑渗透压力水头 p/γ 的差距给予适当修正。

3.13.3　过渡区内的排渗孔段

对于过渡区内的排渗孔段,需先判断出饱和区内的孔段及相关几何要素,求出起排渗作用的部分及几何要素与边界值。对单元内饱和区中的排渗孔段,仍按上述方法计算。此时,排渗流量仅对单元体的饱和区节点进行分配,具体实施分两步进行。

首先按式(3-42)求出单元饱和区节点渗流量分配中间值:

$$Q_i' = -QN_{j(0)} \tag{3-43}$$

然后,设单元体饱和区节点数为 M 个($M < 8$),经局部重新编号后,可得出最终饱和区节点的分配渗流量:

$$Q_k = \frac{-Q}{\sum\limits_{k=1}^{M} Q_k'} Q_k' \tag{3-44}$$

式中　Q_k ——单元体饱和区节点的实际分配流量值。

3.14　计算程序简介

南京水利科学研究院开发的三维渗流计算程序 UNSS3,自 20 世纪 70 年代开始开发,是积累了几代人、30 多年的研究成果和渗流计算经验逐步发展起来的。该程序可用来求解三维非线性、非均质、各向异性渗透张量的承压和无压渗流问题及稳定和非稳定渗流问题,已经成功完成了近百座大中型水库、闸坝、灰坝和尾矿坝的三维渗流场数值计算,在早期的有些实例还做了三维电拟模型试验,并与计算成果进行了对比。实例计算表明,该程序计算准确、精度较高、通用性强,可计算复杂的渗流情况。

第4章 南水北调中线黄北段渠道抗浮研究

4.1 渠段基础地质特性

4.1.1 鹤壁段

南水北调中线一期工程总干渠黄北段包括鹤壁段、辉县段、新乡卫辉段。鹤壁段位于华北平原西部边缘与太行山东麓的交接部位,穿行于山前丘陵地带,主要地貌单元有丘前冲(坡)洪积斜地亚类、软岩丘陵亚类和山前冲洪积裙亚类三大类。

(1)丘前冲(坡)洪积斜地亚类(I_2):分布于侯小屯一带,桩号Ⅳ173+800~Ⅳ175+432.8,长度1.633 km。由坡面流搬运堆积形成,地面高程99~104 m,地面坡降8‰~9‰。上覆土层岩性主要为第四系上更新统黄土状重粉质壤土,厚1~2.5 m;下伏基岩岩性为上第三系中新统鹤壁组泥灰岩、黏土岩、砂岩,浅埋或在沟谷处零星出露,揭露厚度大于40 m。

(2)软岩丘陵亚类(I_3):主要分布于淇河以北大盖族附近,桩号Ⅳ173+050~Ⅳ173+800,长度0.750 km。地面高程100~110 m,高差一般5~10 m,岩性主要由上第三系中新统鹤壁组泥灰岩、黏土岩、砂岩、砂砾岩等组成,丘坡较缓,表层覆盖薄层壤土,沟谷发育,沟深一般1~2 m。揭露厚度大于70 m。

(3)山前冲洪积裙亚类(I_5):分布于山前地带及丘陵、岗地之间,分布桩号Ⅳ144+600~Ⅳ173+050,总长度28.450 km。地势总体向东倾斜,组成物质:①淇河以南以黄土状壤土、粉质壤土、卵砾石、泥卵石为主,土层和卵石层呈互层或透镜体状展布;河床及主流带附近为砾石、砂砾石,两侧过渡为砾质土和壤土。冲洪积裙由山前向平原倾斜,地面高程一般91~103 m,中上部坡降一般1%~2%,下部4‰~6‰,洪积锥坡降较大,达6%~7%。冲洪积裙之上发育的微地貌形态有冲沟等。②淇河以北上部主要由全新统及上更新统冲洪积黄土状壤土、壤土夹砂卵石透镜体组成,下部为第三系黏土岩、泥灰岩、砂岩、砂砾岩。地面高程一般100~108 m,地面坡降4‰~7‰。

本渠段位于华北准地台(Ⅰ)黄淮海凹陷(I_2)的西部边缘,新构造分区属华北断陷—隆起区(Ⅱ)的太行山隆起分区($Ⅱ_3$)和河北断陷分区($Ⅱ_5$)交接部位,见图4-1。

总干渠鹤壁段位于华北地震构造区。华北地震构造区大致以太行山东缘断裂为界分为东西两个地震带,东部为河北平原地震带,西部为山西地震带,渠线位于两地震带的交界处。

地下水是地质历史发展的产物,地质构造、地层岩性、地形地貌、水文气象、人类活动等因素的综合作用构成本区地下水形成与分布的水文地质环境。构造、地貌和岩性是控制地下水赋存与分布的主要自然因素,由于含水层岩性和分布的不同,该段地下水的富集

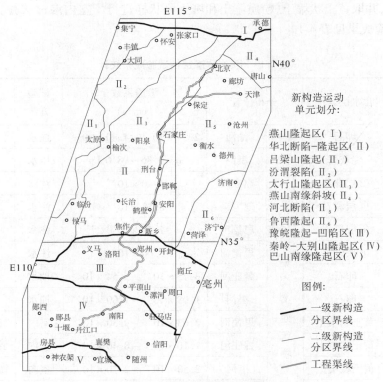

图 4-1　区域新构造分区图

E115°

集宁　张家口　承德　Ⅰ

怀安

丰镇　大同　北京　唐山　Ⅱ₄　N40°

廊坊

天津

Ⅱ₂

新构造运动
单元划分:

保定

沧州

Ⅱ₁　Ⅱ₃　石家庄　Ⅱ₅

太原　阳泉　衡水

榆次　德州

Ⅱ　济南

邢台

临汾　长治　邯郸

侯马　鹤壁　安阳　Ⅱ₆

焦作　新乡　济宁

菏泽

义马　郑州　开封　N35°

洛阳　商丘

E110°　Ⅲ

平顶山　漯河　周口　亳州

郧西　Ⅳ

郧县　南阳　驻马店

十堰　丹江口

信阳

房县　襄樊　随州

神农架　Ⅴ　宜城

燕山隆起区(Ⅰ)
华北断陷－隆起区(Ⅱ)
吕梁山隆起(Ⅱ₁)
汾渭裂陷(Ⅱ₂)
太行山隆起区(Ⅱ₃)
燕山南缘斜坡(Ⅱ₄)
河北断陷(Ⅱ₅)
鲁西隆起(Ⅱ₆)
豫皖隆起－凹陷区(Ⅲ)
秦岭－大别山隆起区(Ⅳ)
巴山南缘隆起区(Ⅴ)

图例:

———　一级新构造
分区界线
———　二级新构造
分区界线
———　工程渠线

具有明显的差异。本渠段位于华北平原西部边缘与太行山东麓的交接部位,穿行于丘前冲(坡)洪积斜地、软质岩丘陵及山前冲洪积裙等主要地貌单元,地势总体西高东低。丘前冲(坡)洪积斜地主要分布于侯小屯一带,地面高程一般 99~104 m。软岩丘陵主要分布于淇河以北大盖族附近,地面高程 100~110 m。山前冲洪积裙分布于山前地带及丘陵、岗地之间,地势总体向东倾斜,渠道经过地面高程一般 91~103 m。

该渠段在冲洪积裙上,地下水主要赋存于第四系砾卵石、黏性土中,以潜水为主,在丘陵岗地,主要赋存于泥灰岩、砂岩和砂砾岩的溶隙、溶洞、裂隙、孔隙中,与工程密切相关的主要为浅层地下水,以潜水为主,局部具有微承压性。根据地层时代、含水层岩性、地下水的埋藏条件、水理性质和水力特性,结合与水利工程的密切程度,按与总干渠工程关系密切的含水介质的富水性及渗透性,可划分为若干含水层组。

该段松散岩类孔隙潜水含水层组由砂卵石、粉质壤土、黄土状壤土组成。主要接受大气降水入渗、侧向径流、灌溉及地表(河、沟、渠等)水入渗补给,排泄方式主要为侧向径流及人工开采;地下水整体由西向东流动,局部地段受地形控制或补给源影响,流向有所变化。

上第三系的泥灰岩多为泥钙质胶结,成岩差,发育孔隙、裂隙、溶隙、溶洞,但不均匀,含水层组富水性及水力联系存在明显差异。主要接受侧向径流补给,以侧向径流方式排泄。

为了了解各岩土层的渗透性,分别进行了现场(钻)孔、(民)井抽水试验,钻孔压

（注）水试验,并取黄土状壤土、粉质壤土和壤土原状样进行了室内渗透试验。各土、岩体的渗透性试验成果见表4-1。

表4-1 土、岩体渗透性试验成果统计

地下水类型	含水层岩性	分布位置		渗透系数 （cm/s）	试验 方法	渗透性分级
潜水	卵石	河渠交叉建筑物	沧河	$2.94 \times 10^{-2} \sim 4.80 \times 10^{-1}$	注水	强透水
承压水	泥灰岩		淇河	$q = 0.86 \sim 98.0$ Lu	压水	中等透水
潜水	②层卵石		赵家渠	4.40×10^{-4}	注水	中等透水
潜水	④层卵石		赵家渠	8.33×10^{-3}	注水	中等透水
承压水	⑥层砾岩		思德河	1.50×10^{-3}	注水	中等透水
承压水	⑧层砂岩		思德河	6.00×10^{-2}	注水	强透水
潜水	卵石		魏庄河	$3.75 \times 10^{-2} \sim 5.54 \times 10^{-2}$	抽水	强透水
潜水	卵石		淇河	$1.08 \times 10^{-2} \sim 1.00 \times 10^{-1}$	抽水	强透水
潜水	黄土状壤土		思德河	$2.63 \times 10^{-6} \sim 9.30 \times 10^{-5}$	室内	微—弱透水
潜水	黄土状壤土		魏庄河	$1.10 \times 10^{-5} \sim 8.40 \times 10^{-4}$	室内	弱—中等透水
潜水	黄土状壤土		淇河	$2.50 \times 10^{-6} \sim 2.70 \times 10^{-4}$	室内	微—中等透水
潜水	壤土		淇河	$7.20 \times 10^{-5} \sim 1.20 \times 10^{-4}$	室内	弱—中等透水
潜水	粉质壤土		赵家渠	$1.09 \times 10^{-6} \sim 5.98 \times 10^{-5}$	室内	微—弱透水
潜水	粉质壤土		魏庄河	$1.90 \times 10^{-6} \sim 5.42 \times 10^{-5}$	室内	微—弱透水
潜水	粉质壤土		淇河	$3.50 \times 10^{-8} \sim 1.10 \times 10^{-5}$	室内	极微—弱透水
潜水	泥灰岩	淇滨大道公路桥		$q = 4$ Lu	压水	弱透水
潜水	黄土状壤土	渠道		$1.80 \times 10^{-6} \sim 8.60 \times 10^{-5}$	室内	微—弱透水
潜水	粉质壤土			$3.40 \times 10^{-6} \sim 5.52 \times 10^{-5}$	室内	微—弱透水

渠段通过河流除淇河为常年性河流外,赵家渠、思德河和魏庄河均为季节性河流,流量受降水控制,变化很大。干旱季节断流,在降水相对集中的6、7、8、9月,遇到暴雨,洪水凶猛甚至泛滥成灾,对渠道造成威胁。

4.1.2 辉县段

辉县渠段始于修武县方庄镇东丁村北纸坊河渠道倒虹吸出口,起点设计桩号Ⅳ66＋960,止于新乡市北站区前郭柳村西孟坟河渠道倒虹吸出口,终点设计桩号Ⅳ115＋900,渠段设计总长度47.39 km(不含石门河段1.55 km)。

辉县渠段位于华北平原西部边缘与太行山东麓的交接部位,穿行于山前冲洪积裙、硬质岩丘陵及部分砂丘砂地等主要地貌单元,地势总体呈北高南低的特点。本段渠道工程地质分段见表4-2。本渠段共划分为2个含水层组,分别为第四系松散岩类孔隙潜水含水层组和可溶岩岩溶裂隙含水层组,后者又分为奥陶系可溶岩岩溶裂隙含水层组和上第三系孔隙裂隙岩溶含水层组。与工程密切相关的主要为浅层地下水,以潜水为主。本渠段多为挖方段,渠道最大挖深约40 m。组成渠道边坡岩性较复杂,一般由第四系黄土状壤土、壤土、卵石、砂和上第三系黏土岩、泥灰岩、奥陶系灰岩等组成。其中黄土状土多具湿陷性,上第三系黏土岩、泥灰岩具弱—中等膨胀潜势,第四系中更新统的粉质黏土和重粉质壤土(alplQ$_2$)部分具弱膨胀潜势,边坡稳定性一般较差,可采用多级边坡。渠道边坡岩体力学性质指标建议值见表4-3。

表4-2　总干渠辉县段渠道工程地质分段一览表

序号	段名	分布桩号	长度(km)	结构类型		
				类别	亚类别	序号
1	纸坊沟北段	Ⅳ66+960~Ⅳ68+250	1.290	土体双层结构	黏砾双层结构	21
2	峪河段	Ⅳ68+250~Ⅳ76+150	7.900	土体多层结构	黏砾多层结构	25
3	薄壁段	Ⅳ76+150~Ⅳ79+350	3.200			
4	早生河段	Ⅳ79+350~Ⅳ85+550	6.200			
5	王村河段	Ⅳ85+550~Ⅳ87+150	1.600	土体双层结构	黏砾双层结构	21
6	石门河段	Ⅳ87+150~Ⅳ91+730	4.580	土体均一结构	砾(卵)石均一结构	16
7	黄水河段	Ⅳ93+128~Ⅳ94+450	1.322	土体多层结构	黏、砂、砾多层结构	27
8	孙村段	Ⅳ94+450~Ⅳ97+950	3.500	土体多层结构	黏砂多层结构	26
9	刘店干河段	Ⅳ97+950~Ⅳ102+260	4.310	土体多层结构	黏砾多层结构	25
10	苏门山段	Ⅳ102+260~Ⅳ103+730	1.470	岩体层状结构	坚硬中厚—厚层灰岩层状结构	4
11	辉县市段	Ⅳ103+730~Ⅳ105+550	1.820	土体多层结构	上黏性土,下软岩,土岩双层结构	25
12	大官庄段	Ⅳ105+550~Ⅳ107+850	2.300	土岩双层结构	上黏性土为主,下坚硬灰岩,土岩双层结构	11
13	路固段	Ⅳ107+850~Ⅳ115+900	8.050	土体均一结构	膨胀土均一结构	20

硬质岩丘陵亚类(I$_1$):主要分布于苏门山。苏门山为太行山脉延展部分,丘陵顶部呈浑圆状,地面高程110~150 m,最高点高程174.5 m,相对高差20~40 m。

山前冲洪积裙亚类(I$_5$):分布于纸坊河以东的太行山前地带,地势总体向东倾斜,与华北平原过渡,由冲洪积扇组成,规模较大的冲洪积扇有峪河、黄水河—石门河。冲洪积裙由山前向平原倾斜,中上部坡降一般1‰~2‰,下部4‰~6‰,洪积锥坡降较大,达6‰~7‰。冲洪积裙之上发育的微地貌形态有冲沟、黄水河扇前的砂丘,坡降较大处为人工修筑的梯田,砾石土区有为造田而堆积的人工石垄等。

表 4-3　岩体物理力学性质指标建议值

岩性名称、时代代号		泥灰岩（N_{2L}）	黏土岩（N_{2L}）	泥质砂岩（N_{2L}）	砾岩（N_{2L}）	灰岩（O_{2s}）
天然含水量	$W(\%)$	16.0	22.0	16.7		
天然干密度	$\rho_d(g/cm^3)$	1.70	1.65	1.70	2.64	2.69
比重	G_s	2.73	2.74	2.70	2.73	
抗压强度	$R_{自然}(MPa)$	0.41	0.38			
	$R_{干}(MPa)$	0.81	0.55			60
	$R_{饱和}(MPa)$	0.040	0.035			
弹性模量	$E_{50干}(MPa)$					
	$E_{50自然}(MPa)$					
	$E_{50饱和}(MPa)$					
泊松比	$\mu_干$	0.30	0.30			
	$\mu_{饱和}$	0.35	0.35			
抗剪强度（直剪）	自然快剪 $C(kPa)$	26.0	30.0			
	$\varphi(°)$	21.0	21.0			
	饱和快剪 $C(kPa)$	19.0	20.0	10	25	
	$\varphi(°)$	18.0	17.0	30	30	
	饱和固结快剪 $C(kPa)$	20.0	21.0			
	$\varphi(°)$	20.0	19.0			
承载力标准值	$f_k(kPa)$	350	300	350	400	1 500 ~ 2 000

砂丘、砂地（Ⅴ）：仅分布于辉县市大沙窝一带，砂丘位于渠线右侧，大部分砂丘表面有植物覆盖，呈半固定型、固定型，丘顶高程 105 ~ 108 m，丘高 5 ~ 10 m。工程区地层主要由古生界奥陶系灰岩和白云岩、新生界上第三系泥灰岩、黏土岩等软岩和第四系冲洪积及坡积物组成。

渠段地下水位大部分低于渠底板，卵石、砂、泥灰岩及灰岩具中等—强透水性，渠道存在渗漏问题，以垂直渗漏为主，可能形成中等以上渗漏的渠段长度 36.33 km，应对渠道进行防渗衬砌处理。

4.1.3　河滩及卵石段地层分类

（1）泥砾均一结构段：仅石门河 1 个工程地质段。该段以半挖半填为主，挖方深度一般 7 ~ 9 m。渠坡岩性以 Q_4 卵石为主，局部夹细砂、砂壤土、壤土薄层或透镜体；渠坡稳定性差。卵石一般为强透水，存在强渗漏，渠道应采取衬砌处理措施。地下水位在渠底板附近，局部高于渠底，存在施工排水问题。

（2）黏、砾多层结构段：其余的工程地质段。其中峪河段、薄壁段、沧河段以挖方为主，挖方深度一般 9 ~ 16 m；旱生段以挖方、半挖半填为主，挖方深度一般 7 ~ 15 m。渠坡岩性主要为黄土状土、粉质壤土、粉质黏土和卵石，相互之间呈互层状或透镜体状分布。渠底板一般位于不同土体单元中，承载力差异较大，易引起地基不均匀沉降问题，应采取处理措施。

卵石一般为中等—强透水性,地下水位一般位于渠底以下,存在较严重渗漏,渠道应采取衬砌处理措施。仅峪河段、薄壁段、旱生河段地下水位在渠底附近或高于渠底板,存在施工排水问题。

7条河流的河滩及其相邻渠段地层结构为较厚的卵石地层或为卵石与土互层结构,透水性较强。根据地质资料,当渠外遭遇较大洪水时,洪水形成的渗流扬压力。

初步设计采用的河滩及卵石地层段分段渗透系数见表4-4。

表4-4　河滩及卵石地层段分段渗透系数

序号	河名	渠坡土层岩性	渗透系数(cm/s)
1	峪河	填土	1.8×10^{-5}
		卵石	1.38×10^{-1}
		黄土状中粉质壤土	7.5×10^{-6}
2	薄壁镇东北沟	填土	1.8×10^{-5}
		卵石	2.32×10^{-1}
3	午峪河	填土	1.8×10^{-5}
		卵石	1.16×10^{-1}
4	旱生河	填土	2.2×10^{-5}
		黄土状中土	1.8×10^{-6}
		卵石	1.0×10^{-1}
5	小凹沟	卵石	1.8×10^{-1}
6	石门河	填土	1.3×10^{-5}
		卵石	2.5×10^{-1}
7	沧河	填土	2.0×10^{-6}
		黄土状重粉质壤土	6.62×10^{-5}
		卵石	1.5×10^{-1}

4.1.3.1　峪河暗渠进、出口渠段

(1)桩号Ⅳ68+000～Ⅳ70+960.4渠段为黏、砾多层结构。该段自上而下地层依次为:①黄土状中壤土(黄土状中粉质壤土)(alplQ$_4^1$),厚度一般0.50～2.5 m,分布基本连续,部分渠段(如桩号Ⅳ69+000附近)该层较薄,层厚仅0.4～0.5 m,个别地方见有卵石出露的小天窗;②卵石(alplQ$_3^2$),粒径一般2～8 cm,大者10～15 cm,含量50%～60%,呈圆—次圆状,泥砂质充填,含少量砾砂,层厚一般4～10 m;③黄土状中粉质壤土(alplQ$_3^2$),局部相变为黄土状中壤土或黄土状重粉质壤土,厚度一般2～9 m,该层在桩号Ⅳ70+000～Ⅳ70+500附近渠段缺失;④卵石(alplQ$_2$),粒径一般2～8 cm,大者10～13 cm,含量50%～60%,呈圆—次圆状,泥砂质充填,含少量砾砂,局部有钙质微胶结,厚度一般大于5 m,局部夹有壤土透镜体。该渠段黄土状中壤土、黄土状中粉质壤土一般具微—弱透水性,卵石层具强透水性。

（2）桩号Ⅳ71 +562.4 ~ Ⅳ72 +553.8 渠段为黏、砾多层结构。该段自上而下地层依次为：①黄土状中壤土（alplQ$_4^1$），厚度一般1 ~3 m，该层仅分布在桩号Ⅳ72 +000 ~ Ⅳ72 +553.8，分布不连续；②卵石（alplQ$_3^2$），粒径一般4 ~11 cm，个别大者大于15 cm，含量60% ~80%，呈圆—次圆状，砂砾充填，层厚一般6 ~12 m；③黄土状中粉质壤土（alplQ$_3^2$），厚度一般4 ~7 m，分布较稳定，该层中夹有厚2 ~3 m的卵石薄层；④卵石（alplQ$_2$），粒径一般2 ~8 cm，个别大者大于13 cm，含量50% ~60%，呈圆—次圆状，砂砾充填，局部有钙质胶结，厚度一般大于5 m。该渠段黄土状中壤土、黄土状中粉质壤土一般具微—弱透水性，卵石层具强透水性。

（3）桩号Ⅳ74 +100 ~ Ⅳ76 +450 渠段为黏、砾多层结构。该段自上而下地层依次为：①卵石（alplQ$_3^3$），粒径一般3 ~8 cm，个别达10 cm以上，多呈次圆—次棱角状，分选较差，含量70%左右，充填物为粗砂和砾石，层厚一般0.5 ~4 m，主要分布在桩号Ⅳ74 +100 ~Ⅳ75 +600 渠段；②黄土状中粉质壤土（alplQ$_3^2$、dlplQ$_3^2$），厚度一般0.5 ~4 m，桩号Ⅳ75 +950 ~Ⅳ76 +200 缺失该层；③卵石（alplQ$_3^2$），粒径一般3 ~8 cm，个别达10 cm以上，含量65% ~70%，充填物为粗砂和砾石及少量泥质，局部钙质胶结，层厚一般2 ~5 m，桩号Ⅳ76 +100 ~Ⅳ76 +200 缺失该层；④黄土状中粉质壤土（alplQ$_3^2$、dlplQ$_3^2$），厚度一般1 ~5 m，该层分布连续稳定，仅纵剖面左侧桩号Ⅳ75 +427 处缺失，局部夹有卵石透镜体；⑤卵石（alplQ$_2$、dlplQ$_2$），粒径一般3 ~8 cm，个别达10 cm以上，含量65% ~70%，泥砂质充填为主，局部钙质胶结，个别岩芯呈短柱状，厚度一般大于5 m，局部夹有壤土薄层或透镜体。该渠段黄土状中粉质壤土一般具微—弱透水性，卵石层具强透水性。

4.1.3.2 旱生河—小凹沟渠段

桩号Ⅳ83 +100 ~ Ⅳ87 +100 渠段为黏、砾多层结构。该段自上而下地层依次为：①黄土状壤土（alplQ$_4^1$），岩性主要为黄土状中、重壤土，局部相变为黄土状中、重粉质壤土，局部夹有卵石透镜体，该层分布连续，薄厚不均，层厚一般1 ~9 m，其中桩号Ⅳ83 +100 ~Ⅳ84 +000和Ⅳ86 +510 附近该层厚度较薄，一般1 ~4 m；②卵石（alplQ$_4^1$），粒径一般2 ~7 cm，大者15 ~20 cm，含量50% ~70%，砂泥质充填，局部夹有黄土状壤土透镜体，厚度一般4 ~12 m，局部厚度2 m左右，在桩号Ⅳ84 +150 渠道左侧该层尖灭；③黄土状中壤土（alplQ$_3^2$），局部相变为黄土状重粉质壤土，局部夹有卵石透镜体，该层分布较连续，仅在桩号Ⅳ84 +150、Ⅳ84 +750 和Ⅳ86 +235 附近该层较薄或缺失，层厚1 ~4 m；④卵石（alplQ$_3^2$），粒径一般2 ~5 cm，个别大者达10 cm，含量50%左右，砂泥质充填，厚度一般大于5 m。该渠段黄土状土一般具微—弱透水性，卵石层具强透水性。

4.1.3.3 漫流沟—杨村沟渠段

桩号Ⅳ132 +710 ~ Ⅳ137 +510 渠段上部以黏性土为主，下部为膨胀泥岩结构。该段自上而下地层依次为：①黄土状重粉质壤土（alplQ$_3^2$），厚度一般2 ~5 m，桩号Ⅳ136 +450 ~Ⅳ136 +650 地表及桩号Ⅳ135 +600、Ⅳ136 +900 附近冲沟内该层缺失，第②层卵石出露地表；②重粉质壤土（alplQ$_2$），主要分布在桩号Ⅳ132 +710 ~ Ⅳ133 +500 和桩号Ⅳ137 +000 ~ Ⅳ137 +510 处，厚度1 ~9 m不等，最薄处仅0.5 m；③卵石（alplQ$_2$），粒径一般3 ~8cm，个别达15cm以上，含量50% ~70%，泥砂质充填为主，局部钙质胶结，厚度一般1 ~4 m，局部最厚约7 m，夹有厚1 ~5 m的重粉质壤土薄层或透镜体；④泥灰岩（N$_{2L}$），成岩差,岩芯局部呈渣状,夹有黏土岩、砂砾岩薄层或透镜体,该层分布稳定连续,岩面略有起伏,仅在桩号Ⅳ137+100~Ⅳ137+500渠段缺失。该渠段黄土状中粉质壤土、重粉质壤土一般具微—弱透水性,卵石层具强透水性。

4.1.3.4 沧河渠道倒虹吸出口渠段

桩号Ⅳ144+600~Ⅳ145+680渠段主要为黏粒多层结构,局部为黏性土均一结构。该段自上而下地层依次为:①地表黄土状轻壤土($alplQ_4^1$),分布不连续,仅分布在桩号Ⅳ144+833附近渠道的两侧,厚度1~2.5 m,层底高程95~97 m,渠道右侧该层底部夹有厚约1 m的卵石;②黄土状重粉质壤土($alplQ_3^2$),分布较连续,厚度一般1~4.5 m;③重粉质壤土($alplQ_2$),分布不连续,分布于桩号Ⅳ145+325~Ⅳ145+680渠段,其他渠段缺失;④卵石($alplQ_2$),粒径一般2~10 cm,含量60%~70%,泥砂质充填,局部为钙质胶结,岩芯呈4~15 cm柱状,局部夹有重粉质壤土透镜体,厚度一般大于10 m,分布较连续,仅在桩号Ⅳ145+809渠道中心附近较薄,厚度1 m左右,渠道两侧缺失。该渠段黄土状中粉质壤土、重粉质壤土一般具微—弱透水性,卵石层具强透水性。

上述各渠段卵石层颗分及泥灰岩、卵石层水文试验成果统计见表4-5、表4-6。

表4-5　卵石、泥灰岩渗透性试验成果统计

桩号	岩性(时代)	试验方法	统计方法	渗透系数 (cm/s)
Ⅳ68+000~Ⅳ76+150	卵石($alplQ_2$)	抽水	组数	3
			范围值	$1.47 \times 10^{-2} \sim 4.1 \times 10^{-2}$
			平均值	2.46×10^{-2}
	卵石($alplQ_3^2$)	注水	组数	2
			范围值	$1.6 \times 10^{-2} \sim 4.1 \times 10^{-2}$
			平均值	2.85×10^{-2}
Ⅳ76+150~Ⅳ79+350	卵石($dlplQ_3^2$)	注水	组数	1
			范围值	
			平均值	2.8×10^{-2}
Ⅳ79+350~Ⅳ87+150	卵石($alplQ_4^1$)	抽水	组数	4
			范围值	$2.15 \times 10^{-2} \sim 2.55 \times 10^{-1}$
			平均值	9.2×10^{-2}
		注水	组数	3
			范围值	$1.77 \times 10^{-2} \sim 7.27 \times 10^{-2}$
			平均值	4.23×10^{-2}
	卵石($alplQ_3^2$)	抽水	组数	1
			范围值	
			平均值	2.87×10^{-2}
Ⅳ132+710~Ⅳ137+510	泥灰岩(N_{2L})	压水	组数	2
			范围值	30.8~61.5 Lu
			平均值	45.7 Lu
Ⅳ142+550~Ⅳ152+050	卵石($alplQ_2$)	注水	组数	3
			范围值	$2.94 \times 10^{-2} \sim 4.8 \times 10^{-1}$
			平均值	1.8×10^{-1}

表 4-6　卵石颗粒级配成果

桩号	岩性(时代)	统计方法	颗粒组成							
			卵(20.0~200.0 mm)(%)	砾(2.0~20.0 mm)(%)	砂(0.05~2.0 mm)(%)	有效粒径 d_{10} (mm)	中间粒径 d_{30} (mm)	限制粒径 d_{60} (mm)	不均匀系数 C_u	曲率系数 C_c
Ⅳ68+000 ~ Ⅳ76+450	卵石 (alplQ$_3^2$)	组数	30	30	30	19	19	19	19	19
		范围值	50.2~85.4	7.6~39.8	4.7~25.5	0.37~2.50	5.1~38.0	28.5~130	7.2~180	0.48~9.0
		平均值	63.7	18.5	16.0	1.2	17.4	78.9	66.7	3.8
	卵石 (alplQ$_2$)	组数	4	4	4	4	4	4	4	4
		范围值	50.2~55.8	24.2~39.8	4.7~25.5	0.37~2.50	5.1~8.6	28.5~36.0	11.6~180.0	0.84~2.58
		平均值	54.6	28.9	16.5	1.04	7.0	32.1	78.1	2.08
Ⅳ76+150 ~ Ⅳ79+350	卵石 (dlplQ$_3^2$)	组数	3	3	3				3	3
		范围值	58~67	16~25	12~20				60.7~130.6	3.1~5.0
		平均值	63	21	16				101.3	4.1
Ⅳ79+350 ~ Ⅳ87+150	卵石 (alplQ$_4^1$)	组数	12	12	12	4	3	4	12	12
		范围值	51.0~83.4	9.6~32.0	7.0~29.0	1.0~13.0	10.0~36.0	31.0~71.0	4.4~94.6	1.1~5.0
		平均值	61.6	21.5	16.9	5.1	19.7	53.5	51.8	3.1
	卵石 (alplQ$_2$)	组数	10	10	10					
		范围值	34~66	6~28	10~18					
		平均值	53	14	14					
Ⅳ87+150 ~ Ⅳ93+928.8	卵石 (alplQ$_4^1$)	组数	6	6	6					
		范围值	24.8~56.0	13.0~31.1	27.0~46.3					
		平均值	42.2	22.9	35.0					
	卵石 (alplQ$_3^2$)	组数	1	1	1					
		范围值								
		平均值	18.6	42.3	39.1					
Ⅳ142+550 ~ Ⅳ152+050	卵石 (alplQ$_4^1$)	组数	2	2	2	2	2	2	2	2
		范围值	66.2~68.7	15.4~19.0	14.8~15.9	0.42~0.52	16.3~19.2	44.0~50.4	96.9~104.8	10.14~19.95
		平均值	67.5	17.2	15.3	0.47	17.75	47.2	100.85	15.05
	卵石 (alplQ$_2$)	组数	4	4	4	4	4	4	4	4
		范围值	58~69	14~26	8~28	1~3.4	3.3~19.5	44~49	13.5~132.4	0.6~4.2
		平均值	63	22	15	1.8	12.7	46	52.2	2.6

4.1.4　地质评价结论与建议

（1）峪河暗渠进、出口渠段主要为黏、砾多层结构。

桩号Ⅳ68 + 000 ~ Ⅳ70 + 960.4 渠段为黏、砾多层结构。表层黄土状土分布基本连续，最薄层仅 0.5 m，个别地方可见卵石出露的小天窗。第③层黄土状中粉质壤土（alplQ$_3^2$），局部相变为黄土状中壤土和黄土状重粉质壤土，在桩号Ⅳ70 + 100 ~ Ⅳ70 + 500 附近渠段缺失。卵石粒径大小不均，分选性差，局部有钙质微胶结现象，具强透水性。

桩号Ⅳ71 + 562.4 ~ Ⅳ72 + 553.8 渠段为黏、砾多层结构，地表黄土状土厚度一般 1 ~ 3 m，局部渠段分布不连续。第②层卵石层分布稳定，厚度一般 6 ~ 12 m，粒径大小不均，分选性差，局部钙质微胶结现象，具强透水性。第③层黄土状中粉质壤土（alplQ$_3^2$）夹有厚 2 ~ 3 m 的卵石透镜体。

桩号Ⅳ74 + 100 ~ Ⅳ76 + 450 渠段为黏、砾多层结构。①、③、⑤层卵石层粒径大小不均，分选性差，下部卵石局部有钙质胶结现象，该段卵石具强透水性。第②层黄土状中粉质壤土最薄处仅 0.5 m，局部渠段缺失。第④层黄土状中粉质壤土厚度一般 1 ~ 5 m，局部夹有卵石透镜体，该层分布基本连续，局部缺失。

（2）旱生河—小凹沟渠段（桩号Ⅳ83 + 100 ~ Ⅳ87 + 100）为黏、砾双层结构。第①层黄土状壤土，分布较连续，局部夹有卵石透镜体，其中桩号Ⅳ83 + 100 ~ Ⅳ84 + 000 和Ⅳ86 + 510 附近该层厚度较薄，最薄处仅 1 m。第②层卵石，厚度 4 ~ 12 m，粒径大小不均，分选性差，局部夹黄土状壤土透镜体，该层卵石层具强透水性。第③层黄土状中壤土，层厚 1 ~ 4 m，局部夹有卵石透镜体，局部渠段该层较薄或缺失。

（3）漫流沟—杨村沟渠段（桩号Ⅳ132 + 710 ~ Ⅳ137 + 510）上部以黏性土为主，下部为膨胀泥岩结构。上部第①层黄土状重粉质壤土厚度一般 2 ~ 5 m，分布较稳定，部分冲沟内该层缺失，致使第②层卵石出露。第③层厚度一般 1 ~ 9 m，仅在部分渠段分布，最薄处仅 0.5 m。第②层卵石分选性差，局部钙质胶结，具强透水性。第④层泥灰岩，成岩差，夹有黏土岩、砂砾岩薄层或透镜体，该层分布稳定、连续，岩面略有起伏，个别渠段缺失。

（4）沧河渠道倒虹吸出口渠段为黏、砾多层结构段。桩号Ⅳ144 + 600 ~ Ⅳ145 + 680 渠段地表黄土状轻壤土分布不连续，仅分布在桩号Ⅳ144 + 833 附近渠道的两侧，最薄处仅1 m。第①层黄土状重粉质壤土分布连续，最薄层仅 1 m。第②层重粉质壤土分布不连续，大部分渠段缺失。第③层卵石层，卵石分选性差，局部为钙质胶结，具强透水性。

4.2　总干渠黄北段水文特征

根据地形、地质纵剖面及横剖面资料分析，辉县、石门河、新乡和卫辉段有 7 条较大河流及大小河沟共 10 处，河滩及其相邻渠段地层结构为较厚的卵石地层，卵石透水性较强。当渠外遭遇较大洪水时，洪水形成的渗流扬压力将大大影响渠道衬砌结构的稳定性，易对混凝土衬砌板形成顶托破坏，因此需设置有效的排水和防护设施。10 条大小河沟卵石渠段的基本情况见表4-7。

表 4-7　河沟卵石段基本情况

序号	河名	挖填型式	基本情况	地下水位
1	峪河	全挖	渠道挖深约 13 m,地表大多为 1~2 m 厚的黄土状中壤土,局部有卵石层出露,一级马道下有 6~10 m 厚的卵石层	低于渠底
2	薄壁镇东北沟	全挖	为挖方渠道,地层结构主要为卵石,地表大面积卵石出露	渠底附近
3	梁家园沟—东杏园沟	挖/填	主要为挖方渠道,局部为半挖半填渠道,地层结构主要为卵石,地表大面积卵石出露	高于渠底
4	午峪河	挖/填	主要为挖方渠道,局部为半挖半填渠道,河滩附近有卵石出露	高于渠底
5	早生河	挖/填	主要为挖方渠道,局部为半挖半填渠道,地表为 3~7 m 厚的黄土状中壤土断续分布,河滩附近有卵石出露,渠底以下为 3~10 m 厚卵石层	高于渠底
6	王村河	挖/填	主要为挖方渠道,局部为半挖半填渠道,地表为 3~7 m 厚的黄土状中壤土,河滩附近有卵石出露,渠底以下为 3~10 m 厚卵石层	高于渠底
7	小凹沟	挖/填	地表为 0.5 m 厚的砂壤土,卵石层出露,卵石层较厚,地质钻孔没有穿透该卵石层	高于渠底
8	石门河	挖/填	地表有大范围的卵石层出露,卵石层较厚,地质钻孔没有穿透该段卵石层	高于渠底
9	漫流沟—杨村沟	挖/填	地表大多为 2~5 m 厚的重粉质壤土,局部卵石出露	渠底附近
10	沧河	挖/填	地表存在卵石层出露,地层结构为卵石与土互层结构	低于渠底

4.2.1　峪河段

4.2.1.1　基本情况

峪河属海河流域、漳卫河水系、大沙河的一条支流。该河发源于山西省陵川县八都岭,经平甸入河南境内,至辉县峪河口流入太行山前平原,在卧龙岗分南北两支,分别于淹沟和师店附近汇入大沙河,全长 82 km,流域面积 672.7 km²。峪河口以上为深山峡谷区,占全流域面积的 83%。深山区林木茂密,植被良好,有较为开阔的马圪当和潭头两个盆地,潭头村以下河道陡然跌落,形成跌差达 265 m 的潭头瀑布,以下至峪河口,河长 10 km,河谷深切,基岩大部分裸露,河床由卵砾石组成,推移质较粗;峪河口以下进入平原,河床开阔,下游 5.4 km 处为总干渠交叉断面,交汇处位于流域山前洪冲积扇地区,河段宽浅,无堤防,为卵砾石河床。峪河河道弯曲,比降大,水流湍急,一遇暴雨,洪水陡涨陡落,洪水过后,河道干涸,为典型山区季节性河流。流域示意图见图 4-2。

总干渠交叉断面上游 8.5 km 处有宝泉中型水库,控制流域面积 538.4 km²,一期工程 1973 年开工建设,总库容 4 458 万 m³,二期工程为华中电网抽水蓄能电站的下库,已于 2004 年开工,总库容扩大到 6 750 万 m³,水库设计标准 100 年一遇,校核标准 1 000 年一遇。

图 4-2 峪河流域示意图

峪河流域属大陆性季风气候,受季风影响较大,并且因该流域地处太行山迎风坡,地形雨较多。本地区多年平均降水量为 714 mm,年内分配极不均匀,7~9 月份降雨量占全年降水量的 75%。

4.2.1.2 历史洪水调查资料

根据 1987 年 7 月编制的《河南省洪水调查资料》,1971 年新乡水文站在峪河口水文站附近,调查到 1846 年、1929 年、1939 年三场大洪水。1846 年洪水,因年代久远,洪痕不详,未计算洪峰流量,其余两年的洪峰流量分别为 4 570 m³/s、2 750 m³/s。

1995 年,在交叉断面附近调查到 1929 年大洪水,采用比降法推算的洪峰流量为 2 240 m³/s。

4.2.1.3 暴雨特性

本流域西北部为太行山,山地高程在 1 000 m 以上,山脉走向近南北向,山前为弧形分布的丘陵岗地,东部为广阔的平原,这种地形有利于西进的暖湿气流抬升和上滑,容易在山前迎风坡地带产生暴雨,太行山山前东南侧的辉县至鹤壁一带是本区主要的暴雨中心。从本区域已发生的大暴雨统计资料看,暴雨发生时间主要在 7 月下旬到 8 月中旬。产生暴雨的主要天气系统为台风及台风倒槽、南北向切变线和东西向切变线,台风系统直接影响下产生的暴雨范围小、历时短、强度大,日雨量可达 400 mm 以上,涡切变和南北向切变线产生的暴雨范围较大、历时较长,日雨量在 300 mm 左右。

峪河洪水,多发生在 8 月份。1963 年 8 月 8 日最大洪峰流量达 2 240 m³/s,1965 年仅 6.45 m³/s,实测年最大洪峰流量的最大值与最小值的倍比高达 347,且坡地及河道汇流均较快,洪水过程具有峰高量小、历时较短的特点,并且多为单峰。

4.2.1.4 水位流量关系

交叉断面水位流量关系根据调查的糙率和测量的纵横断面,采用天然河道恒定非均匀流公式推算,起始断面水位流量关系按明渠均匀流公式计算,得出水位流量关系曲线,再按天然河道恒定非均匀流公式自下而上推算出交叉断面水位。交叉河流天然条件下设计水位流量关系推算成果见表 4-8。

表 4-8　峪河交叉断面设计洪水成果

项目	频率			
	5%	2%	1%	0.33%
洪峰流量（m³/s）	1 590	2 600	3 622	4 950
洪水位（m）	109.24	109.52	110.3	110.6

4.2.2　薄壁镇东北沟及梁家园串流区

辉县段内 24 条大小交叉的河沟中，除峪河有实测流量资料外，其余 6 条流域面积大于 20 km² 的交叉河流和 17 条流域面积在 20 km² 以下的左岸排水河沟均无实测流量资料，因此采用雨量资料间接推求设计洪水；6 条无实测流量资料的交叉河流中，上游均无大中型水库。

无实测流量资料的 23 条交叉河沟都属于山丘区河流。山丘区河流及左岸排水根据1984 年图集有关参数采用检验调整值，用推理公式计算设计洪水。部分左岸排水工程设计洪水计算成果见表 4-9。

表 4-9　辉县段左岸排水工程设计洪水计算成果

编号	沟名	交叉断面以上面积（km²）	不同频率洪峰流量（m³/s）						不同频率 24 h 洪量（万 m³）					
			20%	10%	5%	2%	1%	0.5%	20%	10%	5%	2%	1%	0.5%
1	薄壁南坡水	3.61	47	66	83	110	130	146	27	45	66	93	111	129
2	洪河沟	11.08	164	227	286	364	426	489	84	139	201	284	340	395
3	老坝沟	1.31	25	33	41	53	60	67	10	16	24	34	40	47
4	薄壁东北沟	1.20	23	30	38	48	55	61	9	15	22	31	37	43
5	梁家园沟	3.74	64	85	107	136	155	177	28	47	68	96	115	133
6	东杏园沟	2.41	49	65	79	101	115	128	18	30	44	62	74	86
7	老郭沟	2.55	50	66	80	103	117	130	19	32	46	65	78	91
8	水头沟	7.35	126	167	210	268	306	364	56	92	133	189	225	262

本渠段有左岸排水沟 17 条，交叉断面上、下游无实测纵横断面，河道行洪断面主要依据河南省水利勘测总队 1994 年测量的 1/5 000 带状图并结合现场勘察实地丈量确定。根据沟道形态，对不串流或山丘区串流的沟道按明渠均匀流公式计算水位流量关系。左岸排水天然条件下设计水位流量关系推算成果见表 4-10。

表 4-10　辉县段左岸排水水位流量关系推算成果

序号	河名	20%		5%		2%		0.5%	
		水位（m）	流量（m³/s）	水位（m）	流量（m³/s）	水位（m）	流量（m³/s）	水位（m）	流量（m³/s）
1	薄壁南坡水	104.58	47	104.85	83	105.02	110	105.22	146
2	洪河沟	102.90	164	103.55	286	103.90	364	104.40	489
3	老坝沟	110.40	25	110.98	41	111.25	53	111.40	67
4	薄壁东北沟	107.77	23	107.89	38	107.96	48	108.04	61
5	梁家园沟	110.00	64	110.00	107	110.00	136	110.00	177
6	东杏园沟	102.96	49	104.00	79	104.00	101	104.00	128
7	老郭沟	97.21	50	97.36	80	98.83	103	101.36	130
8	水头沟	100.67	126	101	210	101.00	268	101.36	364

4.2.3 午峪河段

4.2.3.1 基本情况

午峪河为海河流域卫河水系王村河的一条支流,该河发源于辉县市太行山大水泉东南,流经温庄出山,在益三村入王村河,干流全长 15.6 km,流域面积 21.9 km²。交叉断面以上集流面积 15.9 km²。流域内为山丘区,上游山区河段为峡谷,出山口后进入丘陵,河床开阔。午峪河与总干渠交叉处,河段宽浅,无堤防,一遇暴雨洪水陡涨陡落,洪水过后河道干枯,为季节性河流。午峪河流域示意图见图4-3。

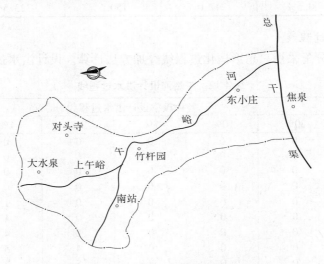

图 4-3 午峪河流域示意图

午峪河流域属温带季风气候区,气候变化受季风影响较大,夏季受东南季风影响,雨量较为集中,70%集中在 6~9 月,多年平均降水量 930 mm。本区降水量年际差异很大,据临近官山雨量站观测资料统计,1963 年最大降水量 1 828.1 mm,1969 年最小降水量454.3 mm,年最大降水量为年最小降水量的 4 倍。午峪河流域内既无水文站,也无雨量站。1995 年 6 月,在交叉断面附近调查到 1929 年洪水,采用比降法推算的洪峰流量为547 m³/s。

4.2.3.2 设计洪水

午峪河流域内无雨量站,也无水文站。设计洪水采用河南省 1984 年 10 月编制的《河南省中小流域设计暴雨洪水图集》查算,并根据实测的河道纵横断面资料,推算交叉断面水位流量关系。

1)设计暴雨计算

设计暴雨参数均值和变差系数 C_v 由图集中的短历时暴雨等值线图查流域重心点而得。流域面积小于 50 km²,设计面雨量采用设计点雨量。各时段暴雨参数和设计面雨量见表4-11。

表 4-11　交叉断面以上设计暴雨成果

时段		10 min	1 h	6 h	24 h
点雨量均值(mm)		16.3	44.4	83.8	112.5
变差系数 C_v		0.47	0.56	0.64	0.63
偏差系数 C_s/C_v		3.5	3.5	3.5	3.5
各种频率 设计面雨 量(mm)	20%	21.4	59.7	114.1	153.1
	10%	26.4	76.8	152.4	203.4
	5%	31.3	93.9	191.3	254.6
	2%	37.6	116.4	243.5	323.1
	0.5%	47.0	150.5	323.5	427.6

2)设计洪水过程线

根据净雨量分配采用三角形概化过程线叠加方法计算。设计洪水过程线见表4-12。

表 4-12　午峪河设计洪水过程线

时段 (h)	各种频率设计洪水过程线(m³/s)					
	20%	10%	5%	2%	1%	0.5%
1	0	0	0	0	0	0
2	0	0	0	0	0	0
3	0	0	0	0	0	0
4	0	0	0	0	0	1
5	0	0	0	0	1	1
6	0	0	0	0	1	2
7	0	0	0	2	4	4
8	0	0	0	4	5	6
9	0	0	2	5	7	9
10	0	1	3	8	11	12
11	0	5	10	13	16	18
12	7	17	29	46	56	58
13	13	28	48	71	87	95
14	28	56	86	123	148	150
15	246	337	424	541	621	738
16	17	54	94	147	175	225
17	10	23	40	63	76	85
18	1	8	16	24	31	36
19	0	2	6	11	13	16
20	0	0	3	7	10	11
21	0	0	1	5	7	8
22	0	0	0	4	4	5
23	0	0	0	2	3	4
24	0	0	0	0	1	2

3)24 h 洪量及洪峰流量

采用图集中的山丘区的次降雨径流关系($P+Pa \sim R$)Ⅵ-1线,查24 h 设计净面雨量。24 h 设计洪量由净面雨量乘流域面积计算。洪峰流量采用推理公式计算。其计算成果见表4-13。

表 4-13　午峪河交叉断面设计洪水成果

项目	频率				
	20%	5%	2%	1%	0.5%
洪峰流量（m³/s）	246	424	541	621	738
24 h 洪量（万 m³）	116	274	387	460	535

4) 设计断面水位流量关系曲线

午峪河交叉断面附近无实测水位流量资料，根据交叉断面上下游测量的河道纵横断面资料，采用水力学方法推算天然河道水位流量关系。其成果见表4-14。

表 4-14　午峪河交叉断面水位流量关系

水位（m）	流量（m³/s）	水位（m）	流量（m³/s）
104.20	60	104.85	337
104.24	70	104.95	424
104.35	100	105.05	541
104.52	154	105.12	621
104.64	200	105.33	738
104.73	246		

注：表中为天然河道水位流量关系。

4.2.4　旱生河段

4.2.4.1　基本情况

旱生河为海河流域卫河水系午峪河的一条支流，发源于辉县市太行山区，至小邓庄入午峪河，干流全长 11.4 km，流域面积 23.7 km²。流域形状似扇形，地势西北高东南低，与总干渠交叉断面以上集流面积 18.7 km²，干流长 6.4 km，河道宽浅，卵石河床，河道比降大，一遇暴雨，洪水陡涨陡落，洪水过后河道干涸，为季节性河流。旱生河流域示意图见图4-4。

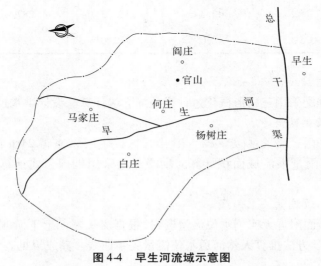

图 4-4　旱生河流域示意图

旱生河流域属温带季风气候区,气候变化受季风影响较大,该流域地处太行山迎风坡,地形雨较多,为海河流域降雨高值区。夏季受东南季风影响,雨量较为集中,70%集中在6~9月,多年平均降水量约为568.4 mm。1963年最大降水量1 828.1 mm,1969年最小降水量454.3 mm,年最大降水量为最小降水量的4倍。年平均气温15.2 ℃,绝对最高气温43.3 ℃,绝对最低气温–17.8 ℃。全年无霜期315 d。

旱生河流域内既无水文站,也无雨量站,1995年6月,在交叉断面附近调查有1929年洪水,采用比降法推算的洪峰流量为320 m³/s,其水位为103.41 m。由于河床多年淤积,按现状断面推算的洪峰流量偏小。

4.2.4.2 设计洪水

1)设计暴雨计算

设计暴雨时段采用10 min和1 h、6 h、24 h,设计暴雨参数均值和变差系数 C_v 由图集中的短历时暴雨参数等值线图查流域重心点而得。偏差系数 C_s 选用3.5C_v,流域面积小于50 km²,设计面雨量采用设计点雨量,各时段暴雨参数和设计面雨量见表4-15。

表4-15 交叉断面以上设计暴雨成果

	时段	10 min	1 h	6 h	24 h
	点雨量均值(mm)	16.3	45.0	83.8	112.5
	变差系数 C_v	0.47	0.56	0.65	0.63
	偏差系数 C_s/C_v	3.5	3.5	3.5	3.5
各种频率 设计面雨 量(mm)	20%	21.4	60.5	114.2	153.1
	10%	26.4	77.9	153.2	203.6
	5%	31.3	95.2	193.0	254.6
	2%	37.6	118.1	246.5	323.1
	1%	42.3	135.3	287.4	375.2
	0.5%	47.0	152.6	328.5	427.6

2)设计洪水过程线

根据净雨量分配采用三角形概化过程线叠加方法计算。设计洪水过程线见表4-16。

3)24 h洪量及洪峰流量

采用图集中降雨径流关系($P + Pa \sim R$)山丘区Ⅳ–1线,查得24 h设计净面雨量,24 h设计洪量由净面雨量乘流域面积计算。洪峰流量采用推理公式计算。其计算成果见表4-17。

4)设计断面水位流量关系曲线

旱生河交叉断面附近无实测水位流量资料,根据交叉断面上下游测量的河道纵横断面资料,采用水力学方法推算天然河道水位流量关系曲线。其成果见表4-18。

表 4-16 早生河设计洪水过程线

时段 (h)	各种频率设计洪水过程线(m³/s)						
	20%	10%	5%	2%	1%	0.5%	0.33%
1	0	0	0	0	0	0	0
2	0	0	0	0	0	0	0
3	0	0	0	0	0	0	0
4	0	0	0	0	0	0	1
5	0	0	0	0	0	1	1
6	0	0	0	0	1	2	2
7	0	0	0	2	3	3	4
8	0	0	0	4	4	6	7
9	0	0	2	6	8	9	10
10	0	1	3	9	11	13	15
11	1	5	7	13	16	23	25
12	7	17	32	56	70	71	78
13	11	30	53	81	99	114	125
14	26	59	93	136	164	175	201
15	301	411	518	660	757	872	935
16	21	66	116	180	215	265	276
17	9	25	46	75	93	101	113
18	2	9	16	17	22	41	43
19	0	2	5	12	16	18	20
20	0	0	2	8	10	12	13
21	0	0	1	4	6	9	10
22	0	0	0	3	4	5	6
23	0	0	0	1	3	3	4
24	0	0	0	0	1	2	3

表 4-17 早生河交叉断面设计洪水成果

项目	频率			
	20%	5%	2%	0.5%
洪峰流量(m³/s)	301	518	660	872
24 h 洪量(万 m³)	136	322	455	629
洪水位(m)	102.01	102.37	102.73	103.31

表 4-18 早生河交叉断面水位流量关系

水位(m)	流量(m³/s)	水位(m)	流量(m³/s)
101.71	51	101.91	301
101.47	67	102.02	411
101.57	86	102.12	518
101.69	134	102.25	660
101.78	198	102.33	757
101.84	242	102.41	872

注:表中为天然河道水位流量关系。

4.2.5 王村河段

4.2.5.1 基本情况

王村河为石门河支流、卫河(共产主义渠)二级支流。王村河发源于辉县市太行山区小松山马包泉,经马头口村出山,向东南流经四里庙西后向南,在益三村向东南入石门河,干流长23.8 km,流域面积54.8 km²。王村河流至大凹村西北与总干渠相交,交叉断面以上集水面积24.8 km²,流域形状似带状,地势西北高、东南低,由西北向东南倾斜,高程在100~900 m。交叉断面以上干流长12.8 km,干流平均坡降为47‰。流域内为山丘区,上游山区河段为峡谷,基岩裸露,局部由砾石沉积,出山口后进入丘陵,河床开阔。交叉处河床为壤土质组成,断面较规整,河道比降大,水流湍急,一遇暴雨,洪水陡涨陡落,洪水过后河道干涸,为典型山区季节性河流。交叉断面以上流域示意图见图4-5。

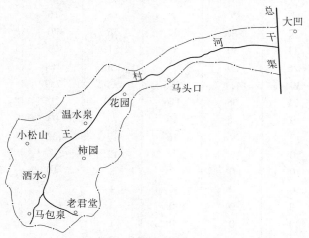

图4-5 王村河流域示意图

本区属温带季风气候区,气候变化受季风影响较大,因该流域地处太行山迎风坡,地形雨较多,这一带为海河流域降雨高值区,包括本流域在内的辉县西北部山区是河南省三大暴雨中心。夏季受东南季风影响,雨量较为集中,70%集中在6~9月,多年平均降水量约为930 mm。本区降水量年际差异很大,据临近官山雨量站观测资料统计,1963年最大降水量1 828.1 mm,1939年最小降水量454.3 mm,年最大降水量为年最小降水量的4倍。

王村河流域内既无水文站,也无雨量站。1995年6月,在交叉断面附近调查到1929年洪水,采用比降法推算得洪峰流量878 m³/s。

4.2.5.2 设计洪水

1)暴雨洪水特性

本流域西部为太行山,山地高程在1 000 m以上,山脉走向近南北向,山前为弧形分布的丘陵岗地,东部为广阔的平原,这种地形有利于西进的暖湿气流抬升和上滑,容易在山前迎风坡地带产生暴雨,太行山山前东南侧的辉县至鹤壁一带是本区主要的暴雨中心。从本区域已发生的大暴雨统计资料看,暴雨发生时间主要在7月下旬到8月中旬。产生暴雨的主要天气系统为台风及台风倒槽、南北向切变线,台风系统直接影响下产生的暴雨范围小、历时短、强度大,日雨量可达 400 mm 以上,涡切变和南北向切变线产生的暴雨范围较大、历时较长,日雨量在 300 mm 左右。

本流域为山丘区河流,从山地到平原的过渡地带很短,上游河道比降陡,山区洪水来势迅猛,洪水峰高量小,洪水历时约 1 d,下游平原河道排泄能力小,往往形成洪水灾害。

2)24 h 洪量及洪峰流量

采用图集中的山丘区次降雨径流关系$(P + Pa \sim R)$ IV－1 线,查 24 h 设计净面雨量。24 h 设计洪量由净面雨量乘流域面积计算。洪峰流量采用推理公式计算。其计算成果见表 4-19。

表 4-19　交叉断面设计洪水成果

项目	频率					
	20%	10%	5%	2%	1%	0.33%
洪峰流量(m^3/s)	294	418	546	703	833	1 070
24 h 洪量(万 m^3)	181	298	427	603	718	903

3)设计洪水过程线

设计洪水过程线采用三角形概化过程线叠加方法计算。设计洪水过程线见表 4-20。

表 4-20　交叉断面设计洪水过程线

时段 (h)	各种频率设计洪水过程线(m^3/s)					
	20%	10%	5%	2%	1%	0.33%
1	0	0	0	0	0	0
2	0	0	0	0	0	0
3	0	0	0	0	0	0
4	0	0	0	0	0	1
5	0	0	0	0	0	2
6	0	0	0	1	1	4
7	0	0	0	3	5	8
8	0	0	1	6	8	12
9	0	0	3	9	12	18
10	0	3	7	15	19	25
11	5	12	24	42	49	51
12	16	33	54	83	101	139
13	31	62	96	142	171	211
14	75	136	197	274	325	386
15	294	418	546	703	833	1 070
16	64	113	160	220	251	283
17	15	34	58	92	112	163
18	1	12	26	44	52	57
19	1	3	8	18	22	30
20	0	1	4	11	14	21
21	0	0	1	7	10	15
22	0	0	0	4	6	10
23	0	0	0	0	3	6
24	0	0	0	0	1	3

4）交叉断面水位流量关系

王村河交叉断面附近无实测水位流量资料,交叉断面水位流量关系根据调查的糙率和测量的纵横断面,采用天然河道恒定非均匀流公式推算,起始断面水位流量关系按明渠均匀流公式计算,得出水位流量关系曲线,再按天然河道恒定非均匀流公式自下而上推算出交叉断面水位。结果见表4-21。

表4-21 交叉断面水位流量关系

频率 P	天然	
	Q_{m} （m³/s）	H （m）
20%	294	103.59
10%	418	103.72
5%	703	104.03
1%	833	104.44
0.33%	1 070	104.76

4.2.6 小凹沟段

4.2.6.1 基本情况

小凹沟发源于太行山南麓,向东南流入石门河,交叉断面以上集水面积 18.70 km²,干流长 7 256 m。工程位于山前倾斜平原区,地势西北高、东南低,自西北向东南倾斜;工程区地形开阔平坦。小凹沟自西北向东南流过工程区,总干渠自西南走向东北,二者基本正交。

流域内无水文站及水文观测资料,设计洪水计算采用河南省 1984 年编制经本次延长资料系列进行合理性检验的《河南省中小流域设计暴雨洪水图集》(简称图集),由设计暴雨推算设计洪水。

该区属暖温带大陆性季风气候区,四季分明。春季多风干旱,夏季炎热多雨,秋季多晴日照足,冬季寒冷少雪。多年平均降水量为 613 mm,降水量年际变化较大,年内分配极不均匀,6～9 月降水量占全年降水量的 70% 以上。

4.2.6.2 设计洪水计算

小凹沟洪水由暴雨形成,由于流域较小,洪水受短历时暴雨强度和河道比降的影响较大,具有以坡面汇流为主、源短流急、峰高量小的特点。由于洪峰流量汇流历时较短,考虑滞蓄洪水调节计算的要求,设计暴雨历时采用 24 h。

设计洪水计算方法采用图集中推荐的山丘区小流域洪水推理公式法由设计暴雨推求。

排水工程控制流域面积小,暴雨洪水产汇流时间短,故设计暴雨时段采用 10 min 和 1 h、6 h、24 h,设计暴雨参数均值和变差系数 C_{v} 由图集中的各历时暴雨参数等值线图流域重心点查得,偏差系数 C_{s} 选用 $3.5C_{\mathrm{v}}$。由于流域面积小于 20 km²,设计面雨量采用设计点雨量。设计暴雨成果见表4-22。

表 4-22　小凹沟设计暴雨成果

时段	10 min	1 h	6 h	24 h
点雨量均值（mm）	17.5	45.0	80.0	115.0
变差系数 C_v	0.46	0.55	0.65	0.65
偏差系数 C_s/C_v	3.5	3.5	3.5	3.5
各种频率 设计面雨 量（mm）　20%	22.9	60.4	109.1	156.8
10%	28.2	77.4	146.3	210.3
5%	33.3	94.3	184.4	265.0
2%	39.9	116.5	235.5	338.5
1%	44.8	133.3	274.5	394.6

　　24 h 设计雨型采用长短历时雨量同频率相包型式。24 h 设计洪水总量由工程所处水文分区山丘区次降雨径流关系 $P + Pa \sim R$ 曲线求得；设计洪峰流量根据流域的特征值查得分区汇流参数 m 值，用推理公式法计算；洪水过程线采用三角形概化过程线方法计算。

　　总干渠左堤防洪标准按长江委《渠道倒虹吸初步设计大纲》规定采用 50 年一遇设计，200 年一遇校核，考虑左岸农田、村庄及重要设施的防护标准，计算了 5 年、10 年、20年、50 年和 200 年一遇五种频率的设计洪水。计算成果见表 4-23。

表 4-23　小凹沟设计洪水成果

项目	频率				
	20%	10%	5%	2%	0.5%
洪峰（m³/s）	204	286	372	487	666
水位（m）	101.93	102.05	102.37	102.81	103.3

4.2.7　石门河段

4.2.7.1　基本情况

　　石门河交叉断面控制面积 207 km²，流域内缺乏实测流量资料，交叉断面以上各分区设计洪水采用 1984 年 10 月编制的《河南省中小流域设计暴雨洪水图集》查算。交叉断面上游石门中型水库集流面积 132 km² 占交叉断面以上总面积的 64%，故交叉断面设计洪水按两种洪水地区组成，即水库与交叉断面同频率，水库至交叉断面区间相应，水库至交叉断面区间与交叉断面以上同频率，水库以上相应，分别计算各区片洪水，经水库调洪演算的出库流量过程，考虑洪水传播时间 1 h，与区间洪水过程线叠加，得交叉断面设计洪水。经过比较，选用两种组合中交叉断面洪水对建筑物安全较为不利的成果，即水库与交叉断面以上同频率，水库至交叉断面区间相应洪水地区组成成果。交叉断面设计洪水成果见表 4-24。

表 4-24　石门河总干渠交叉断面设计洪水成果

洪水组合	项目	各种频率设计洪水					
		20%	10%	5%	2%	1%	0.33%
水库设计 区间相应 （采用）	洪峰流量（m³/s）	748	1 220	1 810	2 520	3 260	4 110
	24 h 洪量（万 m³）	1 139	1 877	2 704	3 792	5 307	6 720
区间设计 水库相应	洪峰流量（m³/s）	843	1 270	1 790	2 540	3 120	3 930
	24 h 洪量（万 m³）	1 260	2 148	3 138	4 449	5 318	6 628

4.2.7.2 交叉河流水位

石门河交叉断面附近无实测水位流量资料,交叉断面附近无水文站。因此,交叉断面水位流量关系根据调查分析选用的糙率和测量的纵横断面,采用天然河道恒定非均匀流公式推算。石门河天然条件下设计水位流量关系推算成果见图4-6。

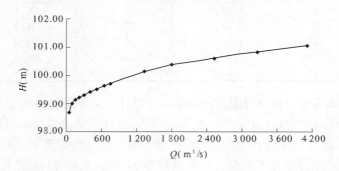

H (m)	99.66	99	99.12	99.21	99.3	99.41	99.52	99.65	99.71	100.06	100.39	100.62	100.86	101.08
Q (m^3/s)	63	96	167	231	303	420	523	665	748	1 220	1 810	2 520	3 260	4 110

图4-6 石门河交叉断面 $H \sim Q$ 曲线

4.2.8 漫流沟—杨村沟串流区

4.2.8.1 基本情况

新乡卫辉渠段内4条无实测资料交叉河流和9条左岸排水设计洪水,根据河南省1984年10月出版的《河南省中小流域设计暴雨洪水图集》查算。1996年对图集中有关暴雨、洪水参数进行了检验,资料系列从1951~1980年延长到1996年,2003年又将暴雨资料延长到2000年,分别对10 min至24 h暴雨均值、变差系数 C_v 进行了检验,并用2005年图集对1984年图集暴雨参数进行了检验,且对段内山庄河、沧河设计暴雨进行了复核,检验结果两图集计算的设计暴雨差值均在 ±10% 以内,因此沿用原图集成果。

根据2006年6月专家审查意见,金灯寺左岸排水交叉断面设计洪水按无水库和有水库两种工况计算。由于水库至交叉断面区间面积仅为0.33 km²,不足交叉断面以上总面积的3%,故水库入库洪水采用交叉断面以上无水库的设计洪水成果,经水库调洪演算的下泄洪水作为有水库情况下交叉断面设计洪水。

4.2.8.2 串流区左岸排水洪水位计算

根据地形沟道条件,段内西寺门沟、漫流沟、杨村沟串流区为山前平原区串流片,河沟沟道较小或没有固定沟形,天然情况下大洪水时漫溢出槽连为一片,具有明显的横向流特点。因此,采用二维非恒定流数学模型进行洪水模拟分析计算洪水位。

9条左岸排水交叉断面水位流量关系见表4-25。

表 4-25　左岸排水交叉断面水位流量关系

序号	河名	20%		5%		2%		0.5%	
		水位（m）	流量（m³/s）	水位（m）	流量（m³/s）	水位（m）	流量（m³/s）	水位（m）	流量（m³/s）
1	王门河	97.90	127	98.62	232	98.90	298	99.21	414
2	老道井沟	99.88	40	100.00	64	100.07	78	100.22	116
3	潞王坟沟	108.51	63	109.00	105	109.20	130	109.50	170
4	金灯寺河（无水库）	94.40	107	94.81	196	95.05	257	95.37	347
	金灯寺河（有水库）	95.18	69	96.62	136	97.64	179	99.15	234
5	山彪沟	95.75	57	96.01	92	96.15	113	96.38	151
6	西寺门沟	93.69	172	93.89	314	94.05	422	94.23	583
7	漫流沟	97.38	143	98.32	261	98.89	344	99.61	480
8	杨村沟	99.67	95	100.70	159	101.21	202	101.64	280
9	路州屯沟	91.10	70	91.65	125	91.86	165	92.13	222

4.2.9　沧河段

4.2.9.1　基本情况

沧河是海河流域卫河左侧一条山丘区河流,发源于河南省辉县市太行山区的横岭村,向东流经卫辉市栓马乡狮豹头村曲折南下至塔岗出山,在闫屯入共产主义渠,流域面积 370 km²,河长 60 km,交叉断面以上河长 42.3 km,控制流域面积 252.4 km²。交叉断面上游山区,1958~1973 年先后建有正面、狮豹头、塔岗三座梯级中型水库,总控制流域面积 227.6 km²,占交叉断面以上总控制面积的 90.2%,3 座水库的总库容为 5 087 万 m³,最后一级塔岗水库距离交叉断面 7.5 km,水库拦蓄对沧河的洪水有很大的影响。

沧河上游山区林木稀少,光山秃岭,植被很差,水土流失比较严重,地面坡度较陡,河道比降在 17.4‰~7‰。塔岗水库以下属山前冲积卵石河段,由丘陵渐近平原,河床宽浅,自西北向东南流势,河段尚顺直,河床为乱石杂草组成。由于山洪来势凶猛,沿河村庄附近均有块石护岸。交叉断面以上流域示意图见图 4-7。

图 4-7　交叉断面以上流域示意图

沧河流域属温带季风气候区,春季受变性大陆气团影响,降水不多;夏季太平洋副热带高压脊线位置北移,促使西南和东南洋面上的气流向本流域输送,成为主要降雨季节;秋季由多雨天气渐变为秋高气爽的少雨季节;冬季寒冷少雨雪。本区最大风速18.7 m/s,多年平均降水量约574.7 mm,年内年际分配很不均匀,汛期6~9月降水量约占全年的75%。

沧河交叉断面以上曾设置了东栓马、狮豹头、塔岗3座雨量观测站,虽有20年以上雨量观测资料,但短历时暴雨资料不完整,3座中型水库只有塔岗水库有1961~1967年库水位观测资料,正面水库、狮豹头水库均无水文观测资料,属于洪水资料较缺乏的中小流域。

1996年6月河南省水利勘测设计院在南水北调总干渠与沧河交叉断面三皇村马林庄河段进行了历史洪水调查,调查到1956年洪水,采用比降法推算洪峰流量为3 020 m³/s。

4.2.9.2 设计洪水

交叉断面上游建有3座中型水库,只有塔岗水库有7年的库水位观测资料,属于洪水资料较缺乏的中小型流域,因此交叉断面采用雨量资料间接法推算设计洪水。通过河南省编制的《河南省中小型流域设计暴雨洪水图集》查算暴雨参数,用降雨径流关系设计洪量和推理公式计算洪峰流量。计算中考虑了上游梯级水库的调蓄作用,交叉断面洪水由水库下泄流量过程和上下两水库区间洪水叠加,求出下一级水库入库洪水,经调洪演算,逐级推算出最下一级塔岗水库出流过程,再考虑洪水传播时间,与水库下游区间洪水过程叠加,从而计算出交叉断面设计洪水。

1)设计暴雨计算

各分区设计暴雨参数均值、变差系数 C_v 由图集中的短历时暴雨参数等值线图查流域重心点求得,偏差系数 C_s 选用 $3.5C_v$。通过图集中的短历时暴雨时面深关系图查得点面折减系数,算出各分区设计面雨量。水库至交叉断面间相应雨量,由交叉断面以上设计降水总量减水库以上设计降水总量除以集流面积而得。分片暴雨成果见表4-26。

表4-26 交叉断面以上各片暴雨频率组合成果

分片	时段	点雨量均值(mm)	C_v	点面系数 α	各种频率设计面雨量(mm)					
					20%	10%	5%	2%	1%	0.33%
交叉断面以上	10 min	17.5	0.47	1	23.0	28.4	33.7	40.5	45.6	53.6
	1 h	45.0	0.55	0.754	45.5	58.3	71.1	87.8	100.5	120.6
	6 h	90.0	0.65	0.779	95.6	128.2	161.6	206.4	240.6	295.7
	24 h	125.0	0.65	0.809	137.9	185.0	233.1	297.8	347.0	426.6
水库以上设计	10 min	17.5	0.47	1	23.0	28.4	33.7	40.5	45.6	53.6
	1 h	45.0	0.55	0.769	46.3	59.3	72.2	89.2	102.1	122.6
	6 h	90.0	0.65	0.789	96.8	129.9	163.7	209.0	243.6	299.5
	24 h	125.0	0.65	0.819	139.6	187.3	235.9	301.3	351.3	431.8
区间相应	10 min				23.0	28.4	33.7	40.5	45.6	53.6
	1 h				38.7	49.7	60.5	74.7	85.5	102.7
	6 h				84.4	113.2	142.6	182.1	212.3	261.0
	24 h				122.3	164.0	206.7	264.0	307.7	378.3

2)24 h 洪量及洪峰流量

采用图集中的山丘区次降雨径流关系$(P+Pa\sim R)$ Ⅳ -1 线,求得 24 h 设计净面雨量。24 h 设计洪量由净面雨量乘流域面积计算,洪峰流量采用推理公式计算。交叉断面的设计洪水成果见表 4-27。

表 4-27　交叉断面设计洪水成果

项目	频率					
	20%	10%	5%	2%	1%	0.33%
洪峰流量(m^3/s)	668	1 180	1 690	2 340	2 780	3 470
24 h 洪量(万 m^3)	1 507	2 583	3 787	5 376	6 428	8 139
洪水位(m)	97.77	98.32	98.94	99.38	99.75	100.19

3)设计洪水过程线

设计洪水过程线采用三角形概化过程线叠加方法计算,计算成果见表 4-28。

表 4-28　交叉断面设计洪水过程线

序号	各种频率设计洪水过程线(m^3/s)					
	20%	10%	5%	2%	1%	0.33%
1	0	0	0	0	2	4
2	0	0	0	4	10	14
3	0	0	0	9	11	19
4	0	0	0	11	16	27
5	0	0	0	14	22	51
6	0	0	1	19	35	66
7	0	0	4	26	52	82
8	0	1	12	46	68	100
9	0	5	17	65	89	125
10	5	13	26	92	118	163
11	16	30	68	133	164	243
12	31	68	149	233	291	406
13	63	157	368	411	518	680
14	155	305	473	727	904	1 142
15	352	598	906	1 318	1 593	2 033
16	479	875	1 325	1 886	2 259	2 874
17	638	1 143	1 657	2 343	2 777	3 463
18	668	1 177	1 694	2 324	2 761	3 466
19	662	1 097	1 541	2 058	2 432	3 045
20	503	790	1 098	1 437	1 644	2 045
21	296	452	628	824	954	1 143
22	158	242	333	460	536	651
23	96	135	198	294	349	445
24	64	86	123	204	249	323

4.2.9.3　交叉断面水位流量关系

沧河交叉断面附近无实测水位流量资料,根据在交叉断面上、下游测量的河道纵横断面资料,采用水力学方法推求交叉断面水位流量关系。其成果见表 4-29。

表 4-29　交叉断面水位流量关系

水位(m)	流量(m³/s)	水位(m)	流量(m³/s)
96.45	113	97.73	668
96.52	130	98.32	1 180
96.80	200	98.84	1 690
97.03	281	99.38	2 340
97.27	372	99.64	2 780
97.52	510	100.02	3 470

注:表中为天然河道水位流量关系。

根据黄河北—姜河北段初步设计及招标设计阶段交叉河流水文设计成果,各卵石渠基段外洪水位见表4-30。

表 4-30　河滩卵石段外洪水位

序号	建筑型式	河名	各种频率洪水水位(m)			
			20%	5%	1%(2%)	0.33%(0.5%)
1	河渠	峪河	108.12	109.24	110.30	110.60
2	左排	薄壁镇东北沟	107.77	107.89	107.96	108.04
3	串流	梁家园沟	110.00	110.00	110.00	110.00
		东杏园沟	102.96	104.00	104.00	104.00
		老郭沟	97.21	97.36	98.83	101.36
		水头沟	100.67	101.00	101.00	101.36
4	串流	午峪河	104.81	105.19	105.30	105.30
		早生河	102.01	102.37	102.73	103.26
5	河渠	王村河	103.59	104.03	104.44	104.76
6	左排	小凹沟	101.93	102.37	102.81	103.30
7	河渠	石门河	99.71	100.41	100.90	102.20
8	河渠	黄水河	98.57	99.44	100.14	100.54
9	串流	漫流沟	97.38	98.32	98.89	99.61
		杨村沟	99.67	100.70	101.21	101.64
10	河渠	沧河	97.77	98.94	99.75	100.19

4.3 设计方案

根据地质勘察成果及水文资料,结合实际地形情况,河滩段卵石地基处理设计方案共考虑以下几种:

方案1:考虑渠道运行期遭遇外洪水及检修期高地下水情况的渠基抗浮稳定问题,采用盖重法处理,即超挖后铺设复合土工膜作为防渗层,然后将超挖的卵石回填压实,只在衬砌板后铺设1 m厚黏性土。复合土工膜上部的回填料作为盖重可满足抗浮稳定要求,同时利用开挖料就地回填可大大减少黏性土的用量,从而减少弃土和取土占地及土料运输的费用。主要考虑了大型河渠交叉建筑物附近渠段卵石地基处理,初设阶段河滩段处理长度合计19.06 km。

方案2:考虑完建期,采用从渠道两侧打井抽水向渠内充7 m水深进行平压,降低换填铺盖厚度。盖重填料采用复合土工膜作为防渗层,回填卵石开挖料,并在衬砌板下方和土工膜上方分别铺设1.4 m和1 m厚黏土层解决渠道运行期及检修期衬砌板抗浮稳定问题。本方案需分段施工并设置隔离堤防护;对分布有相对隔水层的渠段则采用截渗方案处理。考虑到左排及高地下水为渠段抗浮稳定问题,处理长度合计25.29 km。

方案3:在方案2的基础上考虑渗控技术要求,调整换填填料,保证换填压重层不发生渗透破坏,换填层自下向上依次为:5 cm筛分开挖料+复合土工膜+2 m厚黏土+30 cm筛分开挖料+开挖料回填,同时考虑充水平压的综合处理措施。处理长度与方案2一致。

方案4:考虑在渠道运行期,采用自排井结合盖重法处理方案,即采用自排井减压结合换填黏土铺盖的综合处理方案;考虑完建期在渠道两侧一级马道布设抽排井进行强排。同时对高地下水位渠段采用盖重法处理。根据二维及三维流渗流计算结果,河滩段卵石渠基处理长度合计15.258 km。

4.3.1 方案1

4.3.1.1 **处理长度**

主要考虑了大型河渠交叉建筑物附近渠段卵石地基处理。根据地形、地质纵剖面及横剖面资料分析,有7条较大河流的河滩及其相邻渠段地层结构为较厚的卵石地层,卵石透水性较强。当渠外遭遇较大洪水时,洪水形成的渗流扬压力将大大影响渠道衬砌结构的稳定性,易对混凝土衬砌板形成顶托破坏,因此需设置有效的排水和防护设施。

4.3.1.2 **渗流计算**

对受洪水影响的河滩渠段选取典型断面进行渗流计算。由于河滩段渗流情况比较复杂,其边界条件与多数理论、经验公式的假定不相符,为能较真实地模拟外水内渗情况,采用有限单元法进行渗流计算,计算工况和计算成果如下。

1)计算工况

(1)河道设计洪水位,渠内设计水位。

（2）地下水稳定渗流，渠内无水。

2）计算成果

渗流计算成果见表4-31，计算简图见图4-8～图4-17。

表4-31 河滩段渗流计算成果

序号	河名	滩别	设计桩号		典型断面	单位长度渗流量(m³/d)	
			起	止		工况（1）	工况（2）
1	峪河	右	Ⅳ68＋000	Ⅳ70＋960.4	Ⅳ71＋793.1	1 417	
		左	Ⅳ71＋568.4	Ⅳ74＋8002			
2	薄壁镇东北沟		Ⅳ76＋500	Ⅳ79＋109	Ⅳ77＋792	1 287	
3	午峪河	右	Ⅳ79＋481	Ⅳ82＋263.4	Ⅳ80＋600	669	216
		右	Ⅳ82＋574.4	Ⅳ83＋160.7			
4	旱生河	左	Ⅳ83＋491.1	Ⅳ85＋585.1	Ⅳ83＋583	105	219
5	小凹沟	右	Ⅳ85＋916.1	Ⅳ87＋224.4	Ⅳ87＋857	473	278
		左	Ⅳ87＋499.4	Ⅳ89＋977			
6	石门河	右	Ⅳ89＋977	Ⅳ91＋830.4	Ⅳ91＋500		59
7	沧河	右	Ⅳ143＋000	Ⅳ143＋587.6	Ⅳ145＋181	209	
		左	Ⅳ144＋448.6	Ⅳ145＋680			
		左	Ⅳ156＋992.4	Ⅳ158＋019			

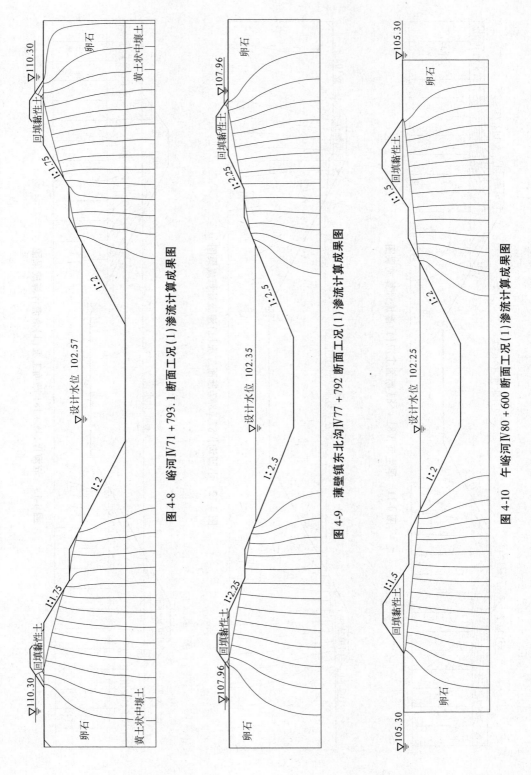

图 4-8 峪河 IV71+793.1 断面工况(1)渗流计算成果图

图 4-9 薄壁镇东北沟 IV77+792 断面工况(1)渗流计算成果图

图 4-10 午峪河 IV80+600 断面工况(1)渗流计算成果图

图 4-11　旱生河Ⅳ83+583 断面工况(1)渗流计算成果图

图 4-12　小凹沟Ⅳ87+857 断面工况(1)渗流计算成果图

图 4-13　沧河Ⅳ145+181 断面工况(1)渗流计算成果图

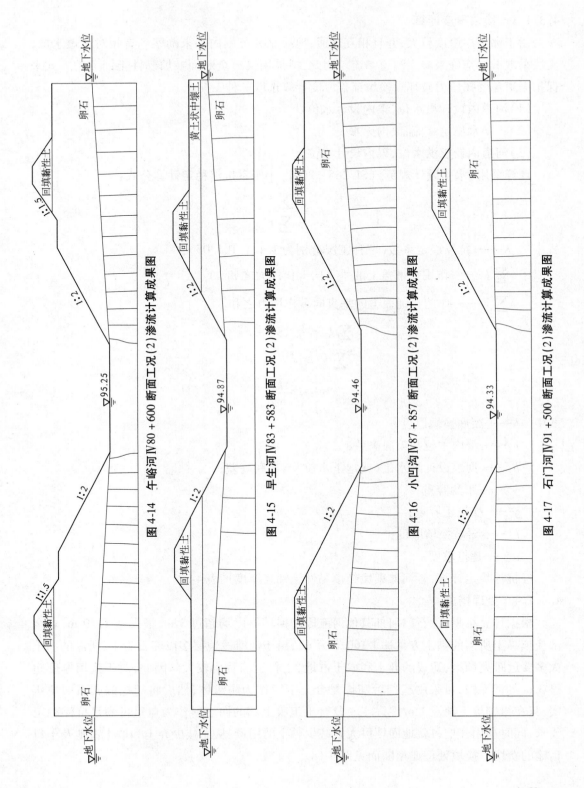

图 4-14　午峪河 IV 80＋600 断面工况（2）渗流计算成果图

图 4-15　旱生河 IV 83＋583 断面工况（2）渗流计算成果图

图 4-16　小凹沟 IV 87＋857 断面工况（2）渗流计算成果图

图 4-17　石门河 IV 91＋500 断面工况（2）渗流计算成果图

4.3.1.3 换填厚度计算

由于卵石层厚度较大,并且相互连通,地质钻孔范围内并未勘察到有相对不透水层,无法采取截渗措施来减少河道渗流。因此,拟采用渠道全断面换填黏性土铺盖的方式来保护渠道免受扬压力破坏。换填铺盖厚度计算选取三种工况:

(1)河道内设计洪水位,渠内设计水位。

(2)地下水稳定渗流,渠内无水。

(3)河道内校核洪水位,渠内设计水位。

计算采用《水闸设计规范》(SL 265—2001)中闸室抗浮稳定计算公式:

$$K = \frac{\sum V}{\sum U}$$

式中 K——抗浮稳定系数(三种工况分别为1.1、1.1、1.05);

       $\sum U$——作用在铺盖上的垂直向上作用力之和;

       $\sum V$——作用在铺盖上的垂直向下作用力之和。

$$\sum U = \gamma_w (h_2 + h)$$
$$\sum V = \gamma_w h_1 + \gamma h$$
$$h' = \frac{h}{\cos\alpha}$$

式中 h——渠底换填厚度;

      h_1——渠内水位与渠底高差;

      h_2——河道设计洪水位(或地下水位)与渠底高差;

      γ_w——水的容重;

      γ——换填土容重;

      h'——渠坡换填厚度;

      α——超挖坡度。

经抗浮稳定计算,各河滩渠段换填黏性土铺盖厚度见表4-32。

4.3.1.4 处理措施

根据计算结果,除石门河外其他河滩段的换填厚度均超过3 m,最大达11.9 m,若全部换填黏土所需的黏土方量达1 160.8万 m^3,由于河滩段地层多以卵石为主,所需的黏土大多要远距离调运,造成的弃土和取土占地、土料运输费用较大。因此,对于换填厚度超过3 m的河滩段,可采用超挖后铺设复合土工膜作为防渗体,然后将超挖的卵石回填压实,只在衬砌板下铺设1 m厚黏土。复合土工膜上部的回填料作为盖重可满足抗浮稳定要求,同时利用开挖料就地回填可大大减少黏土的用量,从而减少弃土和取土占地及土料运输的费用。换填处理典型断面见图4-18。

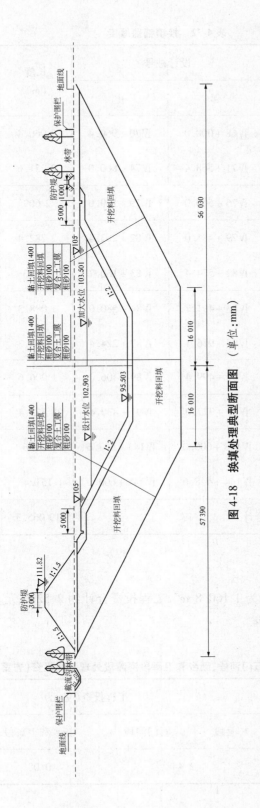

图 4-18 换填处理典型断面图（单位：mm）

表 4-32　换填铺盖厚度

序号	河名	滩别	设计桩号 起	设计桩号 止	长度(m)	铺盖厚度(m) 渠底	铺盖厚度(m) 一级坡
1	峪河	右	Ⅳ68+000.0	Ⅳ70+960.4	2 960.4	10.3	11.9
		左	Ⅳ71+568.4	Ⅳ74+800.0	3 231.6		
2	薄壁镇东北沟		Ⅳ76+500.0	Ⅳ79+109.0	2 609	3	3.3
3	午峪河	右	Ⅳ79+481.0	Ⅳ82+263.4	2 782.4	4.8	5.5
		左	Ⅳ82+574.4	Ⅳ83+160.7	586.3		
4	早生河	左	Ⅳ83+491.7	Ⅳ84+580.0	1 088.3	4.2	4.7
			Ⅳ85+916.1	Ⅳ87+224.4	1 308.3		
5	小凹沟	左	Ⅳ87+499.4	Ⅳ89+406.0	1 906.6	3.7	4.3
6	石门河	右	Ⅳ89+977.0	Ⅳ91+830.4	1 853.4	1	1
7	沧河	右	Ⅳ143+000.0	Ⅳ143+587.6	587.6	3.9	4.5
		左	Ⅳ144+448.6	Ⅳ144+600.0	151.4		
合计					19 065.3		

4.3.1.5　工程量及投资

方案 1 设计中,挖填方量为 1 160.8 m³,工程投资合计约 2.52 亿元。工程总投资见表 4-33,主要工程量见表 4-34。

表 4-33　辉县段、石门河段、新乡和卫辉段河滩段处理工程投资(方案 1)

设计方案	工程投资(亿元)			
	辉县段	石门河段	新乡和卫辉段	合计
方案 1(初步设计阶段)	2.44	0.08		2.52

表 4-34　辉县段、石门河段、新乡和卫辉段河滩段处理工程量（方案 1）

设计段	桩号 起	桩号 止	长度 (m)	土方开挖 (m³) 黄土状轻粉质壤土	黄土状中粉质壤土	黄土状中壤土	卵石	黏土回填 (m³)	开挖料就地回填 (m³)	复合土工膜平铺 (m²)	复合土工膜斜铺 (m²)	粗砂垫层 (m³)
辉县段	IV68+000.0	IV68+750.0	750.0		195 623		605 010	129 660	670 973	24 015	68 273	18 458
	IV68+750.0	IV70+000.0	1 250.0	242 250		32 825	1 093 738	220 325	1 148 488	40 025	117 125	31 430
	IV70+000.0	IV70+960.4	960.4		76 083	49 048	1 000 170	176 041	949 259	30 752	94 599	25 070
	IV71+568.4	IV73+200.0	1 631.6		446 145	101 502	1 322 037	283 409	1 586 274	52 244	149 030	40 255
	IV73+200.0	IV74+800.0	1 600.0		658 192		976 352	279 904	1 354 640	51 232	132 768	36 800
	IV74+800.0	IV79+109.0	2 609.0				1 821 395	410 865	1 410 530	63 242	224 452	57 539
	IV79+481.0	IV81+000.0	1 519.0			49 513	625 980	194 113	431 867	38 583	102 639	28 244
	IV81+000.0	IV82+263.4	1 263.4				451 072	151 949	348 635	32 090	80 883	22 595
	IV82+574.4	IV83+160.7	586.3	38 309			194 417	68 726	164 000	14 892	37 517	10 482
	IV83+491.7	IV84+580.0	1 088.3				347 048	116 862	230 186	26 359	62 740	17 820
	IV85+916.1	IV87+224.4	1 308.3	57 068			346 883	144 214	259 737	31 962	84 412	23 275
	IV87+499.4	IV89+406.0	1 906.6				547 823	214 168	333 655	46 578	102 613	29 838
	IV89+977.0	IV91+830.4	1 853.4				116 875	146 752				
新乡和卫辉段	IV143+000.0	IV143+587.6	587.6	79 020			80 319	57 203	102 137	13 820	29 703	8 705
	IV144+448.6	IV144+600.0	151.4	6 389			39 529	16 015	29 903	3 561	8 810	2 474
合计			19 065.3	423 036	1 376 043	232 888	9 568 648	2 610 206	9 020 284	469 355	1 295 564	352 985

· 73 ·

4.3.2 方案2

4.3.2.1 处理长度

初步设计阶段处理方案中(即方案1),主要考虑大型河渠交叉建筑物附近卵石渠段的渠基抗浮稳定问题。辉县段峪河、薄壁镇东北沟、午峪河、早生河、小凹沟、石门河及新乡和卫辉段沧河河道两侧均为卵石基础,合计长度19.06 km。

根据补充地质资料,并作了进一步分析,方案2考虑到梁家园左岸排水串流区渠段,在遭遇到外洪水时,亦会产生渠基抗浮稳定问题,需采取工程处理措施。另外,各河道之间卵石渠段预测高地下水位均高于渠底,亦采取处理措施。方案2中河滩段处理长度合计25.29 km,较方案1处理长度增加6.23 km。

4.3.2.2 换填厚度计算

盖重法即利用换填铺盖的重量抵抗渗流产生的扬压力,如图4-19所示。铺盖厚度计算选取四种工况:

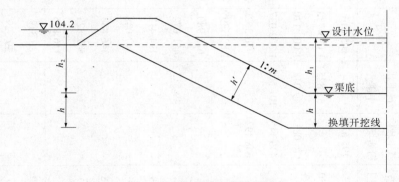

图4-19 盖重法处理示意图

(1)河道内设计洪水位,渠内设计水位。

(2)地下水稳定渗流,渠内无水。

(3)河道内校核洪水位,渠内设计水位。

(4)渠道完建期遭遇常遇洪水,渠内无水。

计算采用《水闸设计规范》(SL 265—2001)中闸室抗浮稳定计算公式:

$$K = \frac{\sum V}{\sum U}$$

式中　　$\sum U$——作用在铺盖上的垂直向上作用力之和;

　　　　$\sum V$——作用在铺盖上的垂直向下作用力之和。

$$\sum U = \gamma_w (h_2 + h)$$

$$\sum V = \gamma_w h_1 + \gamma h$$

$$h' = \frac{h}{\cos\alpha}$$

式中　h——渠底换填厚度;

h'——渠坡换填厚度；

h_1——渠内设计水位与渠底高差；

h_2——渠外水位与渠底高差；

γ_w——水的容重；

γ——换填料容重，开挖料采用 2.2 t/m^3，黏性土采用 1.95 t/m^3；

α——超挖坡度；

K——抗浮稳定系数(四种工况分别为 1.1、1.1、1.05、1.05)。

4.3.2.3 处理方案设计

方案 2 中由于增加"渠道完建期遭遇常遇洪水，渠内无水"工况，换填厚度较初设阶段大幅增加，若采取全部换填措施，由于开挖深度较大，增加投资较多，高地下水位深挖方卵石基础渠段施工降水困难，因此采用充水平压的工程处理措施解决完建期渠基抗浮稳定问题。同时采取复合土工膜作为防渗层，利用超挖料作为压重的措施，解决渠基抗浮稳定问题。因此，招标阶段采取换填多层填料的压重措施解决渠基抗浮稳定问题。

根据复核的地质成果，对渠底分布有相对不透水层的渠段采用 0.6 m 厚塑性混凝土截渗墙截渗处理。

河滩卵石渠基处理涉及两种处理方法多个处理方案，选取典型段进行多方案比较。

1)盖重法处理

盖重法处理选择以下三个方案进行比选：

方案 a：采用全断面换填铺盖压重处理渠基抗浮稳定问题，换填料自下而上依次为：5 cm 粗砂 + 复合土工膜 + 1 m 厚黏土 + 开挖料回填 + 1.4 m 厚黏土。

方案 b：采用充水 7 m 平压结合换填黏土铺盖压重解决渠基抗浮稳定问题，换填料自下而上依次为：5 cm 粗砂 + 复合土工膜 + 1 m 厚黏土 + 开挖料回填 + 1.4 m 厚黏土。

方案 c：采用充水 7 m 平压结合换填黏土铺盖压重解决渠基抗浮稳定问题，换填料自下而上依次为：3 m 厚水泥卵石土 + 开挖料回填 + 1.4 m 厚黏土。

方案 b 在解决完建期渠基抗浮稳定的同时，通过充水平压，换填厚度、工程量、工程占地、工程投资明显减小。但该方案施工较为复杂，需做好工期安排，为确保工程安全，须在度汛前完成渠道基础处理及衬砌施工，并须在汛前及时充水。另外，在工程完成后的运行过程中，需避免在汛期排干渠道内水进行检修。综合技术经济因素后，选用方案 b 为推荐方案。

2)截渗方案

截渗方案选择在渠道两侧布设 0.6 m 厚塑性混凝土截渗墙截渗处理，并与盖重方案 b 进行经济技术比较。

经计算，塑性混凝土截渗墙方案较盖重法方案投资略高，但该方案施工环节少，减少土方弃量，对渠基扰动小。

因此，设计对下卧基层有相对不透水层的卵石渠段，采用塑性混凝土截渗墙方案作为设计方案。

通过经济技术方案比选，最终采用充水平压方案解决完建期渠基抗浮稳定问题，同时减小渠道运行期换填盖重厚度，换填层自下而上依次为：5 cm 筛分开挖料 + 复合土工膜 + 1 m 厚黏土 + 开挖料回填 + 1.4 m 厚黏土。

对于河滩段部分卵石渠段卵石层下方分布有相对较稳定的相对不透水层,盖重优化方案与截渗方案进行经济技术比较后,截渗方案与盖重方案投资相差不大,且施工环节少,减少土方弃量,对渠基扰动小。因此,对渠基分布有相对隔水层的渠段采用 0.6 m 塑性混凝土截渗方案处理。

各渠段处理方案见表 4-35,处理典型断面见图 4-20。

表 4-35　河滩卵石段处理设计成果(方案 2)

序号	处理分段		长度(m)	充水深度(m)	盖重厚度(m)			塑性混凝土截渗墙(m)
	起	止			渠底	一级坡	渠坡坡肩	
1	Ⅳ68 + 000.0	Ⅳ69 + 500.0	1 500.0					0.6
2	Ⅳ69 + 500.0	Ⅳ69 + 870.0	370.0	7	9.3	10.4	5.3	
3	Ⅳ69 + 870.0	Ⅳ69 + 930.0	60.0	7	10.9	12.2	6.3	
4	Ⅳ69 + 930.0	Ⅳ70 + 954.4	1 024.4	7	9.3	10.4	5.3	
5	Ⅳ71 + 562.4	Ⅳ72 + 550.0	987.6	7	9.3	10.4	5.3	
6	Ⅳ72 + 550.0	Ⅳ72 + 610.0	60.0	7	10.9	12.2	6.3	
7	Ⅳ72 + 610.0	Ⅳ74 + 100.0	1 490.0	7	9.3	10.4	5.3	
8	Ⅳ74 + 100.0	Ⅳ75 + 100.0	1 000.0					0.6
9	Ⅳ75 + 100.0	Ⅳ75 + 400.0	300.0	7	4.5	5	5	
10	Ⅳ75 + 400.0	Ⅳ75 + 460.0	60.0	7	4.5	5	5	
11	Ⅳ75 + 460.0	Ⅳ76 + 470.0	1 010.0	7	4.5	5	5	
12	Ⅳ76 + 470.0	Ⅳ76 + 490.0	20.0	7	8.1	9	2.2	
13	Ⅳ76 + 490.0	Ⅳ76 + 730.0	240.0	7	6.9	7.7	1.8	
14	Ⅳ76 + 730.0	Ⅳ76 + 750.0	20.0	7	8.1	9	2.2	
15	Ⅳ76 + 750.0	Ⅳ77 + 000.0	250.0	7	6.9	7.7	1.8	
16	Ⅳ77 + 000.0	Ⅳ77 + 410.0	410.0	7	6.9	7.4	1.8	
17	Ⅳ77 + 410.0	Ⅳ77 + 470.0	60.0	7	8.1	8.7	2.2	
18	Ⅳ77 + 470.0	Ⅳ78 + 360.0	890.0	7	9.2	9.9	4.8	
19	Ⅳ78 + 360.0	Ⅳ78 + 390.0	30.0	7	10.8	11.6	5.6	
20	Ⅳ78 + 390.0	Ⅳ78 + 710.0	320.0	7	9.2	10.3	7.4	
21	Ⅳ78 + 710.0	Ⅳ78 + 770.0	60.0	7	10.8	12.1	8.7	
22	Ⅳ78 + 770.0	Ⅳ79 + 900.0	1 130.0	7	9.2	10.3	7.4	
24	Ⅳ79 + 900.0	Ⅳ81 + 430.0	1 530.0	7	4.5	5	1	
25	Ⅳ81 + 430.0	Ⅳ81 + 490.0	60.0	7	5.1	5.7	4	
26	Ⅳ81 + 490.0	Ⅳ82 + 262.4	772.4	7	4.5	5	1	
27	Ⅳ82 + 573.4	Ⅳ83 + 159.7	586.3	7	4.5	5	1	
28	Ⅳ83 + 490.7	Ⅳ84 + 400.0	909.3	7	4.5	5	3.5	
29	Ⅳ84 + 400.0	Ⅳ85 + 584.1	1 184.1	3.5	4.5	5	3.5	
30	Ⅳ85 + 915.1	Ⅳ86 + 350.0	434.9	3.5	4.5	5	3.5	
31	Ⅳ86 + 350.0	Ⅳ86 + 510.0	160.0	7	4.5	5	3.5	
32	Ⅳ86 + 510.0	Ⅳ86 + 535.0	25.0	7	5.1	5.7	4	
33	Ⅳ86 + 535.0	Ⅳ87 + 223.4	688.4	7	4.5	5	3.5	
34	Ⅳ87 + 498.4	Ⅳ90 + 000.0	2 501.6	7	2.7	3.1	1.7	
35	Ⅳ90 + 000.0	Ⅳ90 + 670.0	670.0	7	2.2	2.4	2.4	
36	Ⅳ90 + 670.0	Ⅳ90 + 720.0	50.0	7	2.2	2.4	2.4	
37	Ⅳ90 + 720.0	Ⅳ91 + 730.0	1 010.0	7	2.2	2.4	2.4	
38	Ⅳ93 + 280.0	Ⅳ93 + 928.8	648.8	7	4	4.5	4.5	
39	Ⅳ136 + 300.0	Ⅳ137 + 510.0	1 210.0	7	4.7	5.3	4.3	
40	Ⅳ142 + 550.0	Ⅳ143 + 585.6	1 035.6	7	4	4.5	4.5	
41	Ⅳ144 + 446.6	Ⅳ144 + 600.0	153.4	7	4	4.5	4.5	
42	Ⅳ91 + 730.0	Ⅳ91 + 829.4	99.4	7	2.2	2.4	2.4	
43	Ⅳ93 + 005.4	Ⅳ93 + 280.0	274.6	7	4	4.5	4.5	
合计			25 295.8					

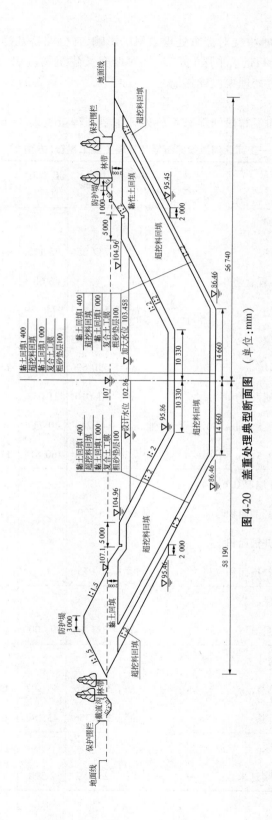

图 4-20 盖重处理典型断面图 (单位:mm)

考虑到公路桥、排水渡槽等桩柱对盖重处理效果的影响,在公路桥及排水渡槽等建筑物渠段采用"全断面换填黏土+充水平压"方案;与河渠交叉建筑物进出口连接渠段,采用固结灌浆进出口渠段与盖重处理渠段连接。

4.3.2.4 工程量

辉县段、石门河段、新乡和卫辉段河滩卵石段处理主要工程量见表4-36。

表4-36 黄河北—姜河北河滩段卵石地基处理主要工程量(方案2)

	项 目	单位	辉县段	新乡和卫辉段	石门河段	合计
1	换填处理					
	壤土开挖	m³	1 787 256	93 113	49 038	1 929 407
	泥灰岩、黏土岩、砂岩软岩开挖	m³		46 682		46 682
	卵石开挖	m³	8 546 503	974 039	26 676	9 547 218
	黏土回填	m³	4 542 043	522 093	50 893	5 115 029
	开挖料回填	m³	5 590 696	570 688	23 036	6 184 420
	粗砂垫层	m³	201 010	21 053	1 785	223 848
	土工膜(两布一膜 150 g/m² − 0.5 mm − 150 g/m²)平铺	m²	342 244	49 717	6 700	398 661
	土工膜(两布一膜 150 g/m² − 0.5 mm − 150 g/m²)斜铺	m²	894 004	160 814	11 149	1 065 967
2	塑性混凝土截渗墙(墙厚0.6 m)					
	壤土层截渗墙开槽面积	m²	15 590			15 590
	软岩层截渗墙开槽面积	m²				
	卵石层截渗墙开槽面积	m²	46 975			46 975
3	充水平压					
	充水方量	m³	4 321 833	594 000		4 915 833
4	隔离堤					
	隔离堤填筑	m³	360 356	43 182	6 732	410 270
	隔离堤拆除	m³	360 356	43 182	6 732	410 270
5	高喷灌浆					
	卵石层高喷灌浆延米数	m	25 759	2 378	1 440	29 577

4.3.3 方案3

4.3.3.1 处理长度

基本资料与方案2一致,因此卵石地基渠段处理长度及盖重厚度均相同,优化设计仅对盖重法分层与截渗墙厚度进行优化。

4.3.3.2 处理方案设计

1)盖重方案

(1)考虑到渠道长期运行后,避免检修期盖重法处理渠段中开挖料中水头消散不及时而对衬砌板产生顶托破坏,因此取消招标阶段盖重方案中衬砌板下 1.4 m 厚黏土层。

(2)根据渗控技术规定中"渠底辅助防渗层厚度一般不宜小于 200 cm",由于卵石地基处理渠段中黏土较少,考虑到减少黏土用量,复合土工膜上方黏土层厚度调整为2.0 m。

(3)考虑到土工膜局部破坏后黏土层受外水压力作用,根据计算,黏土内的渗透比降可达 7~15,极易发生渗透破坏,因此在黏土上方需设置反滤层。考虑到利用开挖料,减少弃料,在黏土层上方铺设 30 cm 筛分开挖料反滤层。

优化设置中盖重法方案调整为:5 cm 筛分开挖料 + 复合土工膜 + 2 m 厚黏土 + 30 cm 筛分开挖料 + 开挖料回填,同时考虑充水平压的综合处理措施,详见图 4-21。

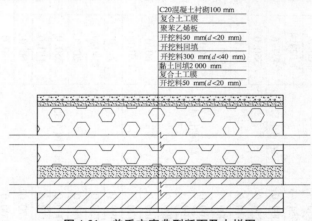

C20混凝土衬砌100 mm
复合土工膜
聚苯乙烯板
开挖料50 mm(d<20 mm)
开挖料回填
开挖料300 mm(d<40 mm)
黏土回填2 000 mm
复合土工膜
开挖料50 mm(d<20 mm)

图 4-21 盖重方案典型断面及大样图

2)截渗方案

方案3设计中,参照同类工程经验,将方案2中塑性混凝土截渗墙厚度由 0.6 m 调整为 0.4m。

经经济技术比较,对渠道下卧层没有相对不透水层的渠段采用盖重法处理,即采用黏土 + 复合土工膜 + 卵石开挖料 + 充水平压作为设计方案,长 22.796 km;对有相对隔水层的渠段,采用 0.4 m 厚塑性混凝土截渗墙处理,长 2.5 km。具体见表 4-37。

考虑到公路桥、排水渡槽等桩柱对盖重处理效果的影响,在公路桥及排水渡槽等建筑物渠段采用"全断面换填黏土 + 充水平压"方案;与河渠交叉建筑物进出口连接渠段,采用固结灌浆进出口渠段与盖重处理渠段连接。

表 4-37　河滩卵石段处理设计成果

序号	处理分段 起止桩号			渠段长度 (m)	措施	换填处理厚度			充水深度 (m)	备注
						渠底 (m)	渠坡 (m)	坡肩 (m)		
1	IV68+000.0	IV69+500.0		1 500.0	截渗					
2	IV69+500.0	IV69+870.0		370.0	盖重	9.3	10.4	5.3	7	
3	IV69+870.0	IV69+930.0	峪河进口	60.0	盖重	10.9	12.2	6.3	7	赵和庄东公路桥
4	IV69+930.0	IV70+954.4		1 024.4	盖重	9.3	10.4	5.3	7	
5	IV71+562.4	IV72+000.0	峪河出口	437.6	盖重	9.3	10.4	5.3	7	
6	IV72+000.0	IV72+550.0		550.0	盖重	9.3	10.4	5.3	7	
7	IV72+550.0	IV72+610.0		60.0	盖重	10.9	12.2	6.3	7	马庄南公路桥
8	IV72+610.0	IV73+000.0		390.0	盖重	9.3	10.4	5.3	7	
9	IV73+000.0	IV74+100.0	峪河出口	1 100.0	盖重	6.5	7	3	7	
10	IV74+100.0	IV75+100.0		1 000.0	截渗					
11	IV75+100.0	IV75+400.0		300.0	盖重	6.5	7	3	7	苏井东北公路桥
12	IV75+400.0	IV75+460.0		60.0	盖重	7.3	8.2	3.2	7	薄壁西公路桥
13	IV75+460.0	IV76+470.0		1 010.0	盖重	6.5	7	3	7	
14	IV76+470.0	IV76+490.0		20.0	盖重	8.1	9	2.2	7	薄壁西北公路桥
15	IV76+490.0	IV76+730.0		240.0	盖重	6.9	7.7	1.8	7	老坝沟排水渡槽
16	IV76+730.0	IV76+750.0	薄壁镇东北沟	20.0	盖重	8.1	9	2.2	7	
17	IV76+750.0	IV77+000.0		250.0	盖重	6.9	7.7	1.8	7	
18	IV77+000.0	IV77+410.0		410.0	盖重	6.9	7.4	1.8	7	薄壁东北公路桥
19	IV77+410.0	IV77+470.0		60.0	盖重	8.1	9	2.2	7	
20	IV77+470.0	IV78+000.0		530.0	盖重	6.9	7.4	1.8	7	
21	IV78+000.0	IV78+300.0		300.0	盖重	9.2	9.9	4.8	7	
22	IV78+300.0	IV78+360.0	梁家园沟	60.0	盖重	10.8	11.6	5.6	7	
23	IV78+360.0	IV78+390.0		30.0	盖重	10.8	11.6	5.6	7	梁家园排水渡槽
24	IV78+390.0	IV78+710.0		320.0	盖重	9.2	10.3	7.4	7	

序号	处理分段 起止桩号	处理分段 名称	渠段长度 (m)	措施	换填处理厚度 渠底 (m)	换填处理厚度 渠坡 (m)	换填处理厚度 坡肩 (m)	充水深度 (m)	备注
25	IV78+710.0 ~ IV78+770.0		60.0	盖重	2.5	5.3	4.7	7	谷庄公路桥
26	IV78+770.0 ~ IV79+900.0	东杏园沟	1 130.0	盖重	2.5	4.7	4.7	7	
27	IV79+900.0 ~ IV81+430.0		1 530.0	盖重	4.5	5	1	7	
28	IV81+430.0 ~ IV81+490.0	午峪河出口	60.0	盖重	5.1	5.7	4	7	焦泉西北公路桥
29	IV81+490.0 ~ IV82+262.4		772.4	盖重	4.5	5	1	7	
30	IV82+573.4 ~ IV83+159.7		586.3	盖重	4.5	5	1	7	
31	IV83+490.7 ~ IV84+400.0	早生河进口	909.3	盖重	4.5	5	1	7	
32	IV84+400.0 ~ IV85+400.0		1 000.0	盖重	3.2	3.6	3	7	
33	IV85+400.0 ~ IV85+584.1	早生河出口	184.1	盖重	3.2	3.6	3	7	
34	IV85+915.1 ~ IV86+350.0		434.9	盖重	3.2	3.6	3	7	
35	IV86+350.0 ~ IV86+510.0	小凹沟进口	160.0	盖重	4.5	5	3.5	7	
36	IV86+510.0 ~ IV86+535.0		25.0	盖重	5.1	5.7	4	7	褚丘公路桥
37	IV86+535.0 ~ IV87+223.4		688.4	盖重	4.5	5	3.5	7	
38	IV87+498.4 ~ IV90+000.0	小凹沟出口	2 501.6	盖重	2.7	3.1	1.7	7	
39	IV90+000.0 ~ IV90+670.0		670.0	盖重	2.2	2.4	2.4	7	
40	IV90+670.0 ~ IV90+720.0	石门河进口	50.0	盖重	2.2	2.4	2.4	7	大刘庄东南公路桥
41	IV90+720.0 ~ IV91+730.0	石门河出口	1 010.0	盖重	2.2	2.4	2.4	7	
42	IV93+280.0 ~ IV93+928.8		648.8	盖重	4	4.5	4.5	7	
43	IV91+730.0 ~ IV91+829.4		99.4	盖重	2.2	2.4	2.4	7	
44	IV93+005.4 ~ IV93+280.0		274.6	盖重	4	4.5	4.5	7	
45	IV136+300.0 ~ IV137+000.0	漫流沟	700.0	盖重	3	5.3	4.3	7	
46	IV137+000.0 ~ IV137+510.0		510.0	盖重	4.7	5.3	4.3	7	
47	IV142+550.0 ~ IV143+585.6	沧河进口	1 035.6	盖重	4	4.5	4.5	7	
48	IV144+446.6 ~ IV144+600.0	沧河出口	153.4	盖重	4	4.5	4.5	7	
合计			25 295.8						

4.3.3.3 工程量

方案 3 由于处理方案的优化,调整后土方开挖 1 106 万 m³,回填 1 073 万 m³,河滩段卵石地基处理工程量表 4-38。

表 4-38 黄河北河滩段卵石地基处理工程量

项目			单位	辉县段	石门河段	新乡和卫辉段	合计
开挖		合计	m³	10 170 818	78 490	810 250	11 059 558
		壤土	m³	1 953 067		91 728	2 044 795
		软岩	m³			86 394	86 394
		卵石	m³	8 217 751	78 490	632 128	8 928 369
回填		合计	m³	9 931 659	78 490	723 856	10 734 005
		黏土	m³	4 778 501	54 122	463 617	5 296 240
		开挖料	m³	4 645 406	19 004	197 956	4 862 366
		开挖料($d<20$ mm)	m³	133 013	1 583	16 625	151 221
		开挖料($d<40$ mm)	m³	374 739	3 781	45 658	424 178
复合土工膜平铺			m²	514 441	8 981	61 225	584 647
复合土工膜斜铺			m²	1 270 230	13 116	118 981	1 402 327
充水方量			m³	5 450 416	44 132	290 082	5 784 630
隔离堤填筑			m³	405 410	6 732	43 182	455 324
隔离堤拆除			m³	405 410	6 732	43 182	455 324
固结灌浆	灌浆	卵石层	m	23 830	1 444	2 341	27 615
	造孔	卵石层	m	37 871	1 667	3 815	43 353
0.4 m 塑性混凝土截渗墙		壤土层	m²	17 040			17 040
		卵石层	m²	50 100			50 100

4.3.4 方案 4

4.3.4.1 基本情况

根据评审意见,拟采用以排为主辅以压重的综合处理法,即在渠道运行期,采用在渠道两侧布置自排降压井,降低渠底扬压力,同时采取盖重措施,使渠道衬砌板免受扬压力的顶托破坏;在渠道完建期,采用在渠道两侧布置抽排降压井进行强排,降低渠基渗流扬压力,使渠道衬砌免受扬压力的顶托破坏。

4.3.4.2 渗流计算

黄河北—汾河北河滩段卵石分布渠段较长,各段地形、地层及地层的渗透性也有一定的差异性。由于渗流条件的不同,渠道两侧布设的排水降压井降压效果及排水流量必然不尽相同,因此设计考虑了渠基的渗透系数、渠基的均一性等因素对渗流的影响,南京水利科学研究院对排水井方案分阶段进行三维渗流计算:

(1)均质渠段自排排水井三维渗流分析,分析不同排水井间距和井深对渠底扬压力及渗流流量的影响。

(2)非均质渠段自排排水井三维渗流分析,针对卵石夹层位置的不同,分析不同排水井间距和井深对渠底扬压力及渗流流量的影响。

(3)渠段抽排排水井三维渗流分析,根据地层情况,分析不同排水井间距和井深对渠底扬压力及渗流流量的影响。

(4)左岸排水串流区三维渗流分析,主要分析渠道左岸向右岸渗流时,渠道渠坡扬压力水头及渗流流量变化情况。

(5)河道洪水沿渠道纵向渗流分析,主要分析河道渗流影响范围及渠底扬压力的变化。

1)计算依据

计算程序采用由南京水利科学研究院开发的三维渗流计算程序 UNSS3。通过三维渗流场数值计算,研究排水井的渗流场分布特性,并通过对有关地基砂砾石渗透系数及其均一性、排水井深度、排水井间距的调整,研究参数变化对渗流场的影响效果。

2)自排井渗流计算分析

a. 均质卵石渠基渗流计算分析

对均质渠段,选取不同的井深和井间距与无排水井情况进行对比。

选用峪河附近卵石渠段桩号Ⅳ70+100 的渠段作为计算典型断面建立计算模型,渠道断面结构见图4-22。

计算模型选取范围:模型总长度包括两排排水井加两边各 1/2 间距的一个完整渗流单元,渠道左侧防洪堤外水位 110.60 m,右侧标准堤外水位为地面高程。渠道内坡一级马道以上部分自由出渗。一级马道及以下渠道坡面和底板被混凝土板覆盖,为不透水边界。自流排渗井为 0.5 m 无砂混凝土透水管,排水高程略低于一级马道高程 104.94 m,选取 104.80 m 作为自流排渗井的排水高程。一级马道以上采用干砌石护砌,下方铺设 20 cm 厚反滤层。

计算渠道基础为均质,渗透系数取 3.0×10^{-1} cm/s,防洪堤取 5.0×10^{-5} cm/s,排水井及一级马道以上反滤层渗透系数与渠基渗透系数取值相同。

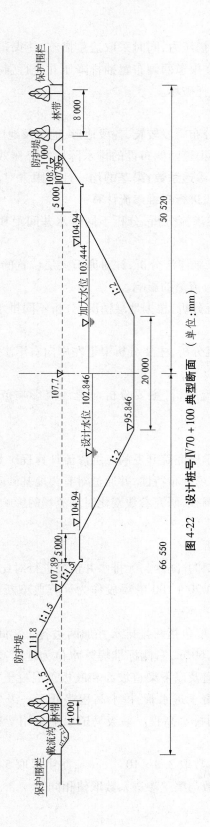

图 4-22 设计桩号 IV70+100 典型断面 （单位：mm）

（1）排水井间距 5 m。

排水井间距为 5 m，排水井深度不同时，渠底扬压力水头见图 4-23，井间断面渗流等水头线见图 4-24 ~ 图 4-26。

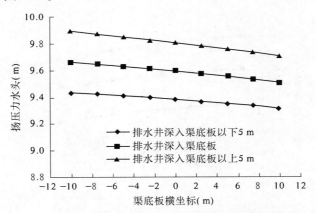

图 4-23　排水井间距 5 m，排水井不同深度，渠道底板横断面上扬压力水头分布

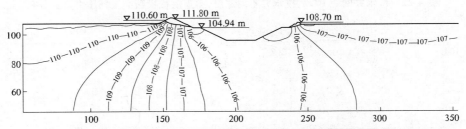

图 4-24　排水井间距 5 m，深入渠底板以上 5 m，井间断面渗流等水头线

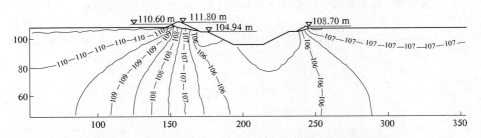

图 4-25　排水井间距 5 m，深入渠底板，井间断面渗流等水头线

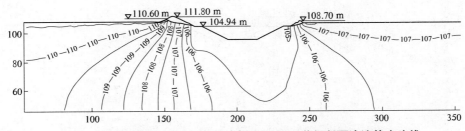

图 4-26　排水井间距 5 m，深入渠底板以下 5 m，井间断面渗流等水头线

（2）排水井间距 10 m。

排水井间距为 10 m,排水井深度不同时,渠底扬压力水头见图 4-27,井间断面渗流等水头线见图 4-28～图 4-30。

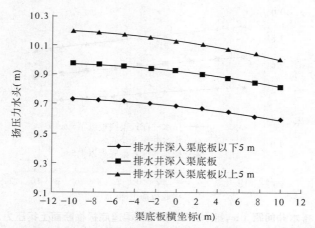

图 4-27　排水井间距 10 m,排水井不同深度,渠道底板横断面上扬压力水头分布

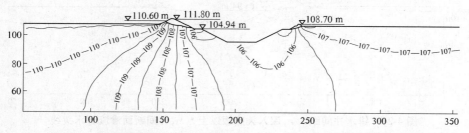

图 4-28　排水井间距 10 m,深入渠底板以上 5 m,井间断面渗流等水头线

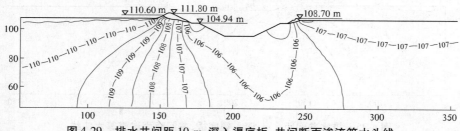

图 4-29　排水井间距 10 m,深入渠底板,井间断面渗流等水头线

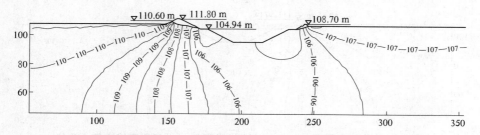

图 4-30　排水井间距 10 m,深入渠底板以下 5 m,井间断面渗流等水头线

（3）排水井。

无排水井时,渠底渗流扬压力水头可达11.3～11.5 m,见图4-31。

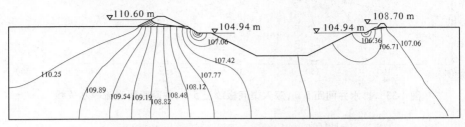

图4-31　无排水井断面渗流等水头线

由上述数据可知,均质卵石渠段中排水井间距为5 m,井深至井底以下5 m时,渠底扬压力水头可降低至9.4 m,较布设排水井前扬压力水头减小了2.1 m。

b.非均质卵石渠基渗流计算分析

由于卵石基础渗透性的不均一性,本次设计考虑卵石夹层的位置与卵石的相对渗透性等工况进行三维渗流计算,计算模型及边界条件同均质渠段,各工况计算结果如下。

（1）渠道底板以下存在相对弱透水层。

渠道底板以下存在相对弱透水层时,弱透水层的下边界距渠道底板垂直高差为5 m,厚度为2 m,渗透系数为3×10^{-2} cm/s。当排水井深度到渠底板以下时,刚好穿透弱透水层。其他两个排水井深度工况都不穿透弱透水层。

①排水井间距5 m。

排水井间距为5 m,排水井深度不同时,渠底扬压力水头见图4-32,井间断面渗流等水头线见图4-33～图4-35。

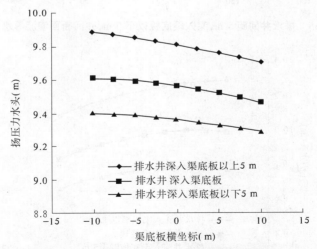

图4-32　排水井间距5 m,排水井不同深度,渠道底板横断面上扬压力水头分布

②排水井间距10 m。

排水井间距为10 m,排水井深度不同时,渠底扬压力水头见图4-36,井间断面渗流等水头线见图4-37～图4-39。

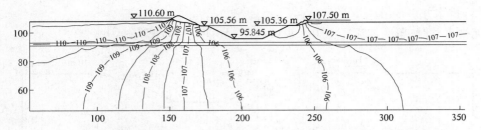

图 4-33　排水井间距 5 m，深入渠底板以上 5 m，井间断面渗流等水头线

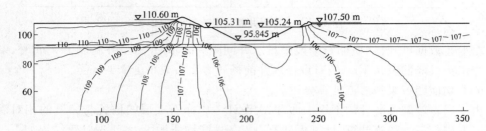

图 4-34　排水井间距 5 m，深入渠底板，井间断面渗流等水头线

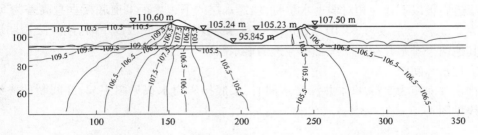

图 4-35　排水井间距 5 m，深入渠底板以下 5 m，井间断面渗流等水头线

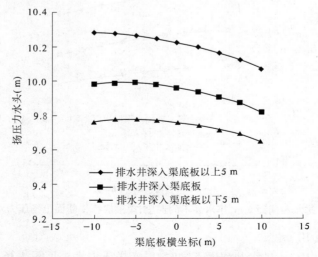

图 4-36　排水井间距 10 m，排水井不同深度，渠道底板横断面上扬压力水头分布

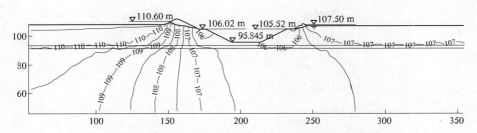

图 4-37　排水井间距 10 m,深入渠底板以上 5 m,井间断面渗流等水头线

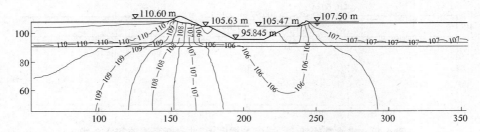

图 4-38　排水井间距 10 m,深入渠底板,井间断面渗流等水头线

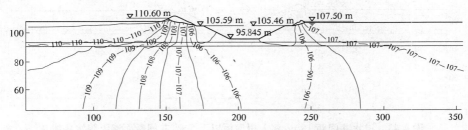

图 4-39　排水井间距 10 m,深入渠底板以下 5 m,井间断面渗流等水头线

③排水井间距 15 m。

排水井间距为 15 m,排水井深度不同时,渠底扬压力水头见图 4-40,井间断面渗流等水头线见图 4-41 ~ 图 4-43。

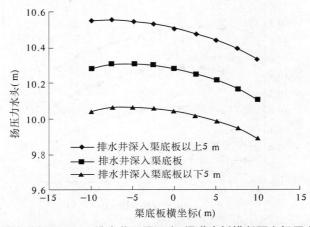

图 4-40　排水井间距 15 m,排水井不同深度,渠道底板横断面上扬压力水头分布

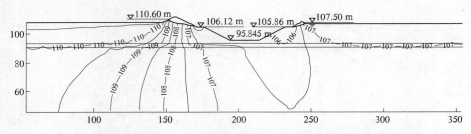

图 4-41　排水井间距 15 m,深入渠底板以上 5 m,井间断面渗流等水头线

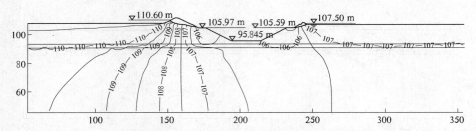

图 4-42　排水井间距 15 m,深入渠底板,井间断面渗流等水头线

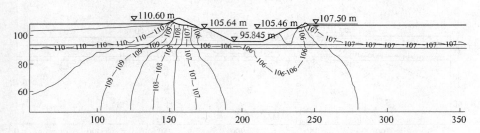

图 4-43　排水井间距 15 m,深入渠底板以下 5 m,井间断面渗流等水头线

④排水井间距 20 m。

排水井间距为 20 m,排水井深度不同时,渠底扬压力水头见图 4-44,井间断面渗流等水头线见图 4-45 ~ 图 4-47。

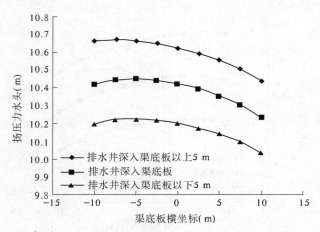

图 4-44　排水井间距 20 m,排水井不同深度,渠道底板横断面上扬压力水头分布

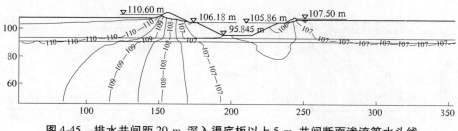

图 4-45　排水井间距 20 m,深入渠底板以上 5 m,井间断面渗流等水头线

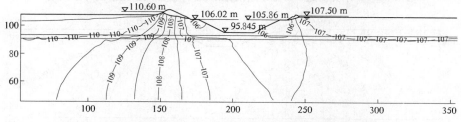

图 4-46　排水井间距 20 m,深入渠底板,井间断面渗流等水头线

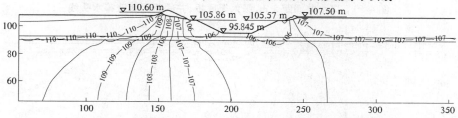

图 4-47　排水井间距 20 m,深入渠底板以下 5 m,井间断面渗流等水头线

(2)渠道底板以上存在相对弱透水层。

渠道底板以上存在相对弱透水层时,弱透水层的下边界距渠道底板垂直高差为 5 m,厚度为 2 m,渗透系数为 3×10^{-2} cm/s。当排水井深度到渠底板以上时,刚好穿透弱透水层。其他两个排水井深度工况也都穿透弱透水层。

①排水井间距 5 m。

排水井间距为 5 m,排水井深度不同时,渠底扬压力水头见图 4-48,井间断面渗流等水头线见图 4-49 ~ 图 4-51。

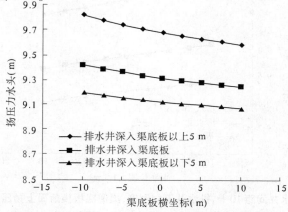

图 4-48　排水井间距 5 m,排水井不同深度,渠道底板横断面上扬压力水头分布

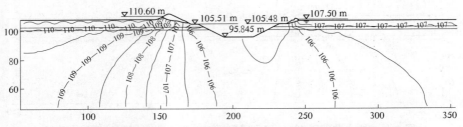

图 4-49　排水井间距 5 m，深入渠底板以上 5 m，井间断面渗流等水头线

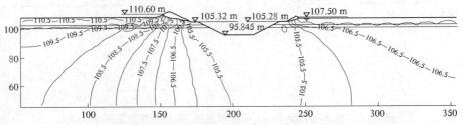

图 4-50　排水井间距 5 m，深入渠底板，井间断面渗流等水头线

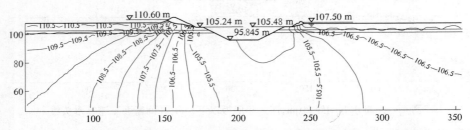

图 4-51　排水井间距 5 m，深入渠底板以下 5 m，井间断面渗流等水头线

②排水井间距 10 m。

排水井间距为 10 m，排水井深度不同时，渠底扬压力水头见图 4-52，井间断面渗流等水头线见图 4-53 ~ 图 4-55。

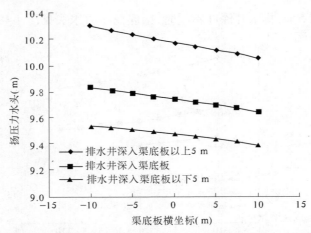

图 4-52　排水井间距 10 m，排水井不同深度，渠道底板横断面上扬压力水头分布

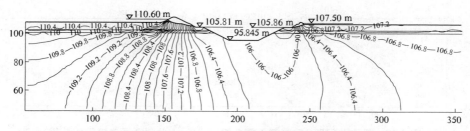

图 4-53 排水井间距 10 m,深入渠底板以上 5 m,井间断面渗流等水头线

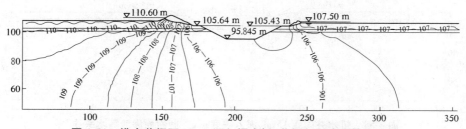

图 4-54 排水井间距 10 m,深入渠底板,井间断面渗流等水头线

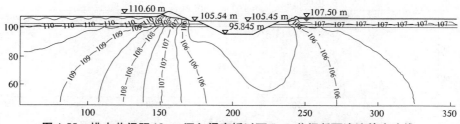

图 4-55 排水井间距 10 m,深入渠底板以下 5 m,井间断面渗流等水头线

③排水井间距 15 m。

排水井间距为 15 m,排水井深度不同时,渠底扬压力水头见图 4-56,井间断面渗流等水头线见图 4-57~4-59。

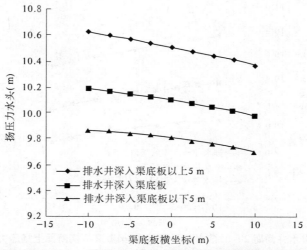

图 4-56 排水井间距 15 m,排水井不同深度,渠道底板横断面上扬压力水头分布

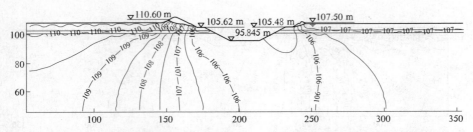

图 4-57　排水井间距 15 m，深入渠底板以上 5 m，井间断面渗流等水头线

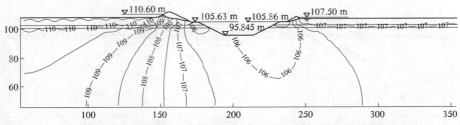

图 4-58　排水井间距 15 m，深入渠底板，井间断面渗流等水头线

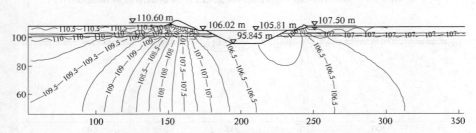

图 4-59　排水井间距 15 m，深入渠底板以下 5 m，井间断面渗流等水头线

④排水井间距 20 m。

排水井间距为 20 m，排水井深度不同时，渠底扬压力水头见图 4-60，井间断面渗流等水头线见图 4-61 ~ 图 4-63。

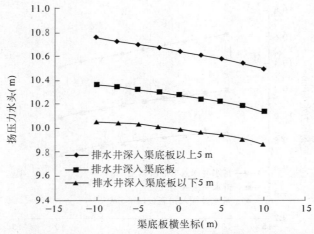

图 4-60　排水井间距 20 m，排水井不同深度，渠道底板横断面上扬压力水头分布

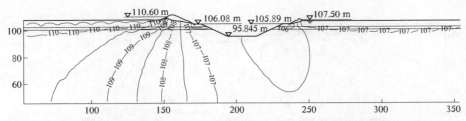

图 4-61　排水井间距 20 m,深入渠底板以上 5 m,井间断面渗流等水头线

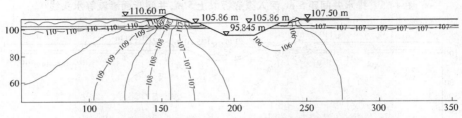

图 4-62　排水井间距 20 m,深入渠底板,井间断面渗流等水头线

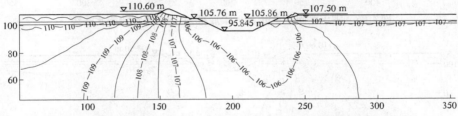

图 4-63　排水井间距 20 m,深入渠底板以下 5 m,井间断面渗流等水头线

（3）渠道底板以上存在相对强透水层。

渠道底板以上存在相对强透水层时,强透水层的下边界距渠道底板垂直高差为 5 m,厚度为 2 m,渗透系数为 6×10^{-1} cm/s。当排水井深度达到渠底板以上时,刚好穿透强透水层。其他两个排水井深度工况也都穿透强透水层。

①排水井间距 5 m。

排水井间距为 5 m,排水井深度不同时,渠底扬压力水头见图 4-64,井间断面渗流等水头线见图 4-65 ~ 图 4-67。

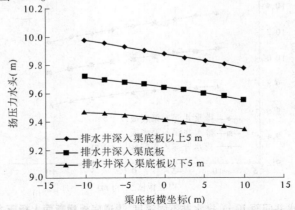

图 4-64　排水井间距 5 m,排水井不同深度,渠道底板横断面上扬压力水头分布

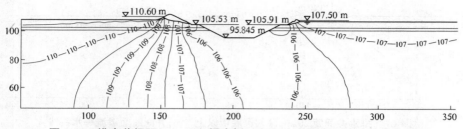

图 4-65 排水井间距 5 m,深入渠底板以上 5 m,井间断面渗流等水头线

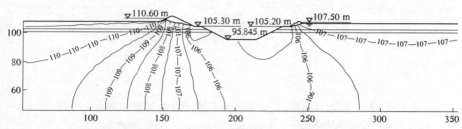

图 4-66 排水井间距 5 m,深入渠底板,井间断面渗流等水头线

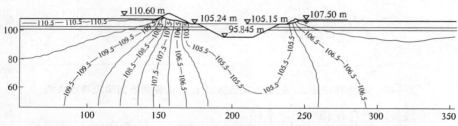

图 4-67 排水井间距 5 m,深入渠底板以下 5 m,井间断面渗流等水头线

②排水井间距 10 m。

排水井间距为 10 m,排水井深度不同时,渠底扬压力水头见图 4-68,井间断面渗流等水头线见图 4-69 ~ 图 4-71。

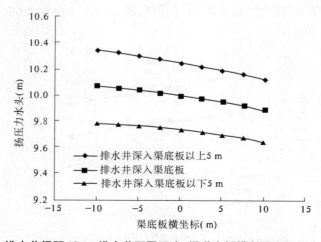

图 4-68 排水井间距 10 m,排水井不同深度,渠道底板横断面上扬压力水头分布

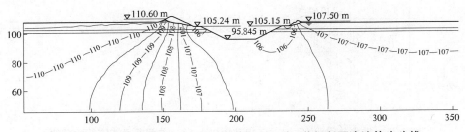

图 4-69 排水井间距 10 m,深入渠底板以上 5 m,井间断面渗流等水头线

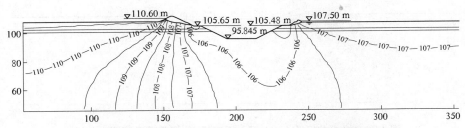

图 4-70 排水井间距 10 m,深入渠底板,井间断面渗流等水头线

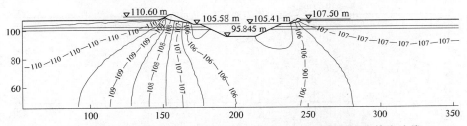

图 4-71 排水井间距 10 m,深入渠底板以下 5 m,井间断面渗流等水头线

③排水井间距 15 m。

排水井间距为 15 m,排水井深度不同时,渠底扬压力水头见图 4-72,井间断面渗流等水头线见图 4-73 ~ 图 4-75。

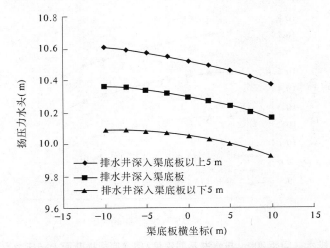

图 4-72 排水井间距 15 m,排水井不同深度,渠道底板横断面上扬压力水头分布

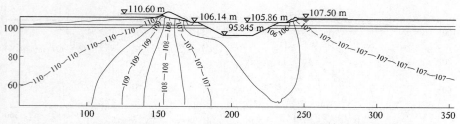

图 4-73 排水井间距 15 m,深入渠底板以上 5 m,井间断面渗流等水头线

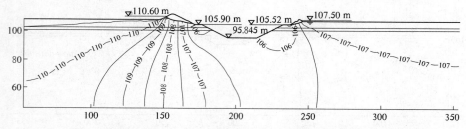

图 4-74 排水井间距 15 m,深入渠底板,井间断面渗流等水头线

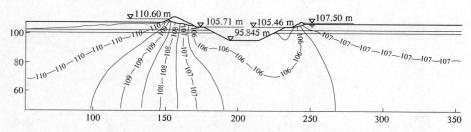

图 4-75 排水井间距 15 m,深入渠底板以下 5 m,井间断面渗流等水头线

④排水井间距 20 m。

排水井间距为 20 m,排水井深度不同时,渠底扬压力水头见图 4-76,井间断面渗流等水头线见图 4-77 ~ 图 4-79。

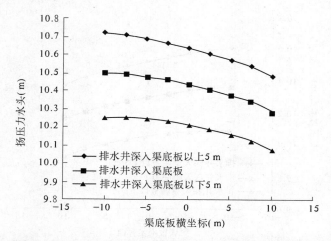

图 4-76 排水井间距 20 m,排水井不同深度,渠道底板横断面上扬压力水头分布

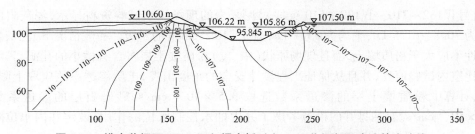

图 4-77　排水井间距 20 m,深入渠底板以上 5 m,井间断面渗流等水头线

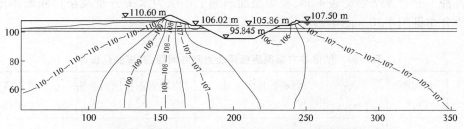

图 4-78　排水井间距 20 m,深入渠底板,井间断面渗流等水头线

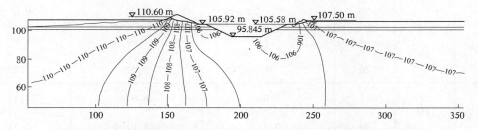

图 4-79　排水井间距 20 m,深入渠底板以下 5 m,井间断面渗流等水头线

(4)渠道底板以下存在相对强透水层。

由于渠基渗透系数较大,此种情况渗流情况与均质渠基三维渗流结果基本一致。

(5)渠底扬压力的选择。

三维渗流计算中,在均质和非均质渠段中,排水井深至渠基以下 5 m 时,渠底扬压力水头最大可达 10.2 m,同时考虑到渠道长期运行后,自流井反滤层局部淤堵,本次设计高外洪水位深挖方渠段的扬压力水头取 10.5 m。

3)抽排井渗流计算分析

选取不同的井深及井间距分析对渠底扬压力的影响,选取断面桩号Ⅳ77 + 123.3,在该渠段,地基含一层粉质壤土,渠道底板在粉质壤土层以下。在这种地基条件下,一方面,粉质壤土层为相对隔水层,对上部洪水具备一定的挡水能力;另一方面,排水井深入到相对隔水层以下,井内抽排能够有效改变相对隔水层以下排水井附近的局部渗流场水压力分布,降低渠道底板扬压力水头。防护堤为黏土结构,渗透系数为 1×10^{-5} cm/s。渠道衬砌为不透水边界;渠道一级马道以上为自由出渗边界。

根据地勘资料中,渠道底板卵砾石层的注水或抽水试验成果,渗透系数为 $n \times 10^{-2}$ cm/s 的量级。粉质壤土层的室内试验成果显示,其渗透系数为 $n \times 10^{-5}$ cm/s 的量级。然而,桩号Ⅳ132+710~Ⅳ137+510渠段对泥灰岩的现场压水试验资料显示,泥灰岩的渗透性为30.8~61.5 Lu,平均为45.7 Lu,为 $n \times 10^{-4}$ cm/s 的量级。一般情况下,泥灰岩的渗透性不应大于粉质壤土,而且现场原状(中、重)粉质壤土层多含有微小的孔洞,其渗透性应比室内试验值高,并且从保证工程设计安全的角度出发,土层渗透系数应取上限值。因此,计算中粉质壤土层的渗透系数选取 3.5×10^{-4} cm/s,砂砾石层的渗透系数取 2.85×10^{-2} cm/s。对抽排井的模拟考虑了井内抽水控制水位的作用,设定井内水位降到井底。

各种工况计算结果见表4-39,换填底面断面上扬压力水头分布及渠道断面渗流场等水头线分布见图4-80~图4-99。

表4-39　抽排井方案渠底板扬压力随井间距、井深变化统计

序号	井间距 (m)	井深 (m)	渠底扬压力水头 (m)	换填底面扬压力水头 (m)	单井流量 (m³/h)
1	5	15		5.25	4.04
		20		1.92	9.4
2	10	15	2.11	7.41	6.34
		20	0	3.56	11.15
3	15	15	3.62	8.92	14.11
		20	0.51	5.81	24.71
4	20	15	4.68	9.98	22.1
		20	1.99	7.29	43.99
		25	0	4.19	56.35
		30	0	0	94.43
5	25	15	5.38	10.68	23.86
		20	3.11	8.41	57.56
		25	0.36	5.66	66.92
		30	0	0	112.81
6	30	15	5.97	11.27	27.35
		20	3.92	9.22	62.66
		25	1.39	6.69	83.21
		30	0	1.7	149.36

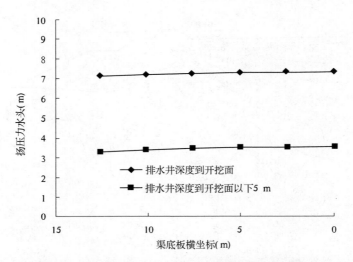

图 4-80　排水井 10 m 间距时,随深度变化换填底面断面上扬压力水头分布

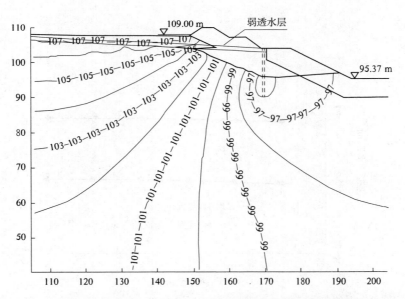

图 4-81　排水井 10 m 间距,深度到换填面底面,渠道断面渗流场等水头线分布

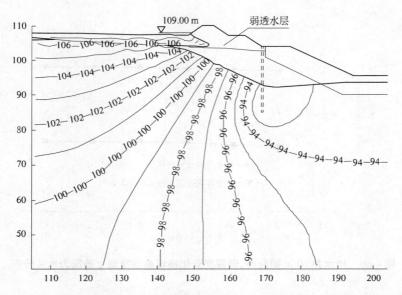

图 4-82　排水井 10 m 间距,深度到换填面底面以下 5 m,渠道断面渗流场等水头线分布

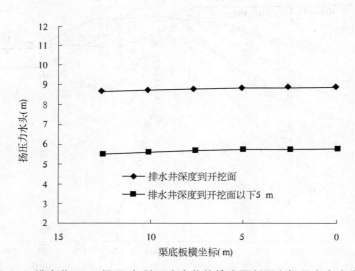

图 4-83　排水井 15 m 间距时,随深度变化换填底面断面上扬压力水头分布

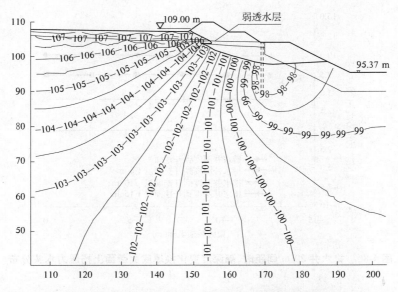

图 4-84　排水井 15 m 间距,深度到换填面底面,渠道断面渗流场等水头线分布

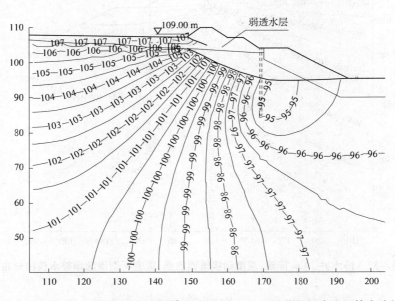

图 4-85　排水井 15 m 间距,深度到换填面底面以下 5 m,渠道断面渗流场等水头线分布

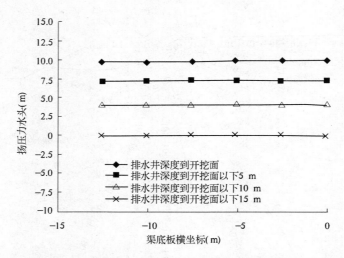

图 4-86　排水井 20 m 间距时，随深度变化换填底面断面上扬压力水头分布

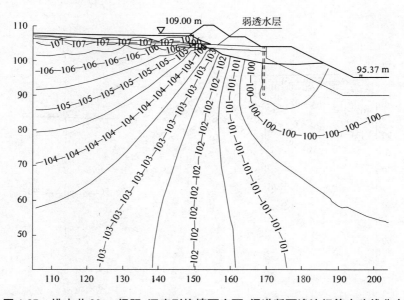

图 4-87　排水井 20 m 间距，深度到换填面底面，渠道断面渗流场等水头线分布

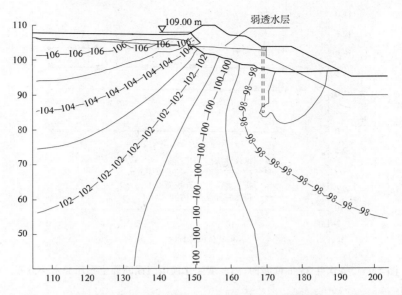

图 4-88 排水井 20 m 间距,深度到换填面底面以下 5 m,渠道断面渗流场等水头线分布

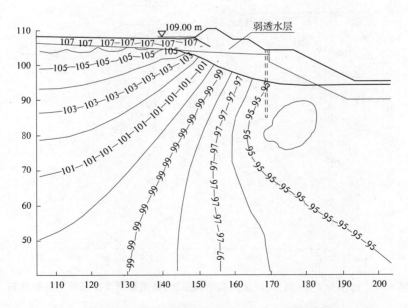

图 4-89 排水井 20 m 间距,深度到换填面底面以下 10 m,渠道断面渗流场等水头线分布

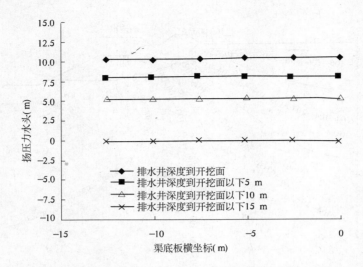

图 4-90　排水井 25 m 间距时, 随深度变化换填底面断面上扬压力水头分布

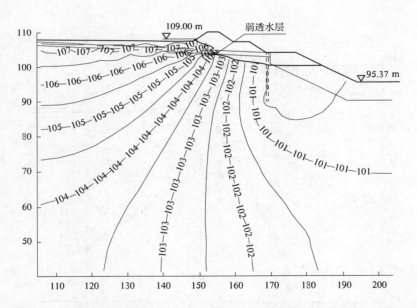

图 4-91　排水井 25 m 间距, 深度到换填面底面, 渠道断面渗流场等水头线分布

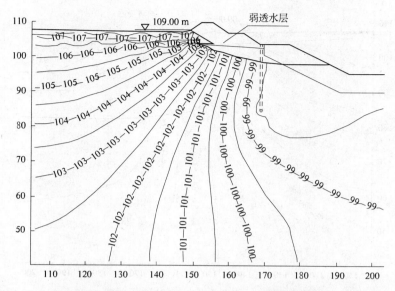

图 4-92 排水井 25 m 间距,深度到换填面底面以下 5 m,渠道断面渗流场等水头线分布

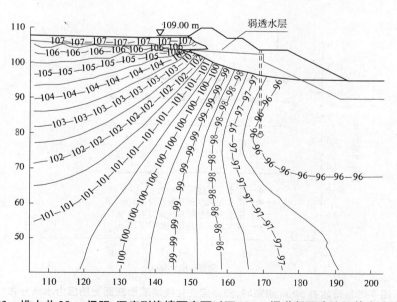

图 4-93 排水井 25 m 间距,深度到换填面底面以下 10 m,渠道断面渗流场等水头线分布

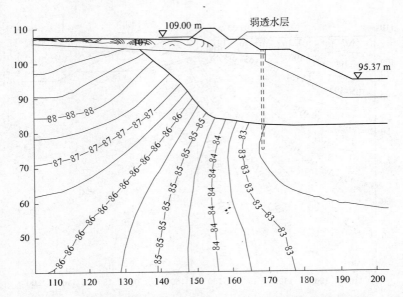

图 4-94　排水井 25 m 间距,深度到换填面底面以下 15 m,渠道断面渗流场等水头线分布

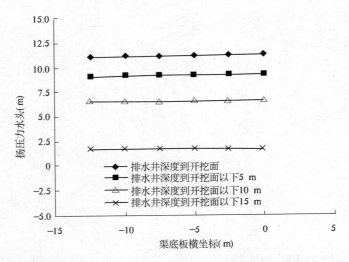

图 4-95　排水井 30 m 间距时,随深度变化换填底面断面上扬压力水头分布

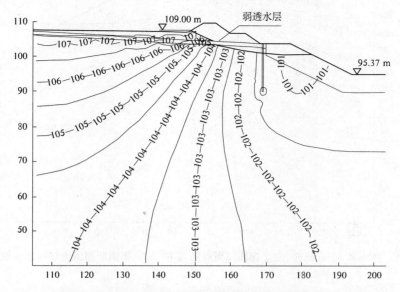

图 4-96　排水井 30 m 间距,深度到换填面底面,渠道断面渗流场等水头线分布

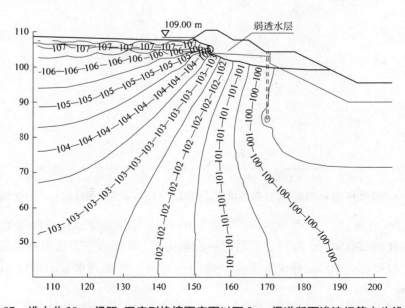

图 4-97　排水井 30 m 间距,深度到换填面底面以下 5 m,渠道断面渗流场等水头线分布

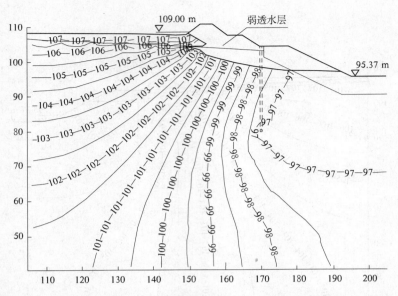

图 4-98　排水井 30 m 间距,深度到换填面底面以下 10 m,渠道断面渗流场等水头线分布

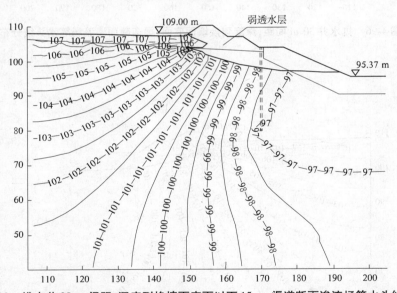

图 4-99　排水井 30 m 间距,深度到换填面底面以下 15 m,渠道断面渗流场等水头线分布

由表 4-39 可知,当井间距为 30 m、井深为 30 m 时,渠道地下水位可降至渠底以下,且单井流量不超过 200 m³/h,有利于泵站的选型与布设,因此本方案选择在渠道两侧一级马道高程布设间距为 30 m、井深为 30 m 的抽排排水井。考虑到水泵的布设,排水井深度调整为 35 m。

对自排排水井布设渠段,由于自排排水井井间距为 20 m,由抽排井间距 20 m 三维渗流计算结果,抽排井井深选用 25 m,渠道地下水位可降至渠底以下。考虑到水泵的布置,排水井深度调整为 30 m。

4）外洪水自渠道左岸向渠道右岸的非稳定渗流计算

考虑一个完整洪水过程，通过非稳定渗流场计算，研究洪水行洪过程中，渠道底板扬压力变化情况。选择桩号Ⅳ70+920渠段进行非稳定渗流计算。

计算模型范围：渠道左侧防洪堤外50 m，右侧标准堤外50 m，底部取到35 m高程，为渠底板以下60 m。建立二维模型边界条件：渠道左侧防洪堤外地面为变水头边界，水头大小为洪水位，考虑一个完整洪水过程（24 h）。渠道右侧地面为自由出渗边界，渠道两侧一级马道以上坡面为自由出渗边界，以下为不透水边界。模型两端地下水位以下部分为定水头边界，水头高度为地下水位。各分区的渗透系数为：砂砾石2.82×10^{-2} cm/s，防洪堤填土5.0×10^{-5} cm/s。

河道洪水过程线见图4-100。

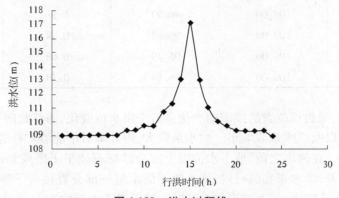

图4-100　洪水过程线

计算全程48 h，包括行洪期24 h和洪水后24 h。各时间点渠底板扬压力水头及单宽流量见表4-40。洪水过程与渠底板位置浸润面高程的对应关系见图4-101。计算得到浸润面变化过程见图4-102～图4-116。

表4-40　洪水期间渠底板扬压力水头及单宽流量

行洪时间 （h）	洪水位 （m）	渠底板浸润 面高程（m）	渠底板扬压 力水头（m）	单宽流量 （m²/h）
1	109.00	95.81	0	0.008
2	109.00	95.81	0	
5	109.00	95.81	0	0.010
10	109.68	95.81	0	0.013
13	111.36	95.81	0	
15	117.04	95.81	0	0.017
16	113.05	95.81	0	0.922
18	110.01	96.20	0.39	1.050
20	109.34	96.54	0.73	1.500
22	109.34	96.84	1.03	1.690

行洪时间 （h）	洪水位 （m）	渠底板浸润 面高程（m）	渠底板扬压 力水头（m）	单宽流量 （m²/h）
24	109.00	97.04	1.23	1.400
25	109.00	97.07	1.26	1.190
26	109.00	97.10	1.29	0.930
27	109.00	97.09	1.28	0.811
28	109.00	97.09	1.28	0.639
29	109.00	97.04	1.23	
30	109.00	97.01	1.2	0.359
32	109.00	96.92	1.11	0.215
36	109.00	96.69	0.88	0.095
40	109.00	96.49	0.68	0.001
48	109.00	96.19	0.38	0.000

在洪水期间,渠底板位置的浸润面变化滞后于洪水位变化,滞后时间长短取决于砂砾石地基的渗透性以及贮水系数大小。贮水系数大,则砂砾石中能够贮存的水量就大,反之则贮水能力就小。在洪水之前,地下水位以上部分砂砾石处于干燥或非饱和状态。在强渗透的砂砾石地基,洪水来临的时候,渗入地下的水量一部分直接向下渗流,直到地下水位,一部分贮存在孔隙中,并逐渐形成饱和区。随着渗入水量的增大,饱和区不断扩大,并向下发展,与地下水位相连,形成饱和渗流通道。这时,如果洪水持续或渗入水量保持增大,则饱和区继续扩大范围,同时抬高地下水位;如果洪水逐渐减小,则饱和区向下发展,范围逐渐缩小,地下水位随之升高。然后地下水位随浸润面变平缓,逐渐稳定。

计算成果显示,渠道底板扬压力水头最大值滞后于洪峰11 h,单个洪峰引起的渠底板扬压力水头最大值1.29 m。在渗透性更强的渠段,渠底板扬压力峰值将有所增高,滞后时间将缩短,单宽流量峰值也将增大。

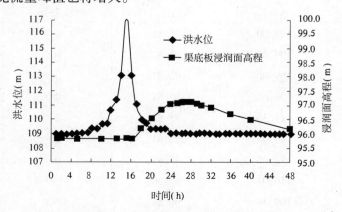

图 4-101　洪水过程与渠底板位置浸润面高程的对应关系

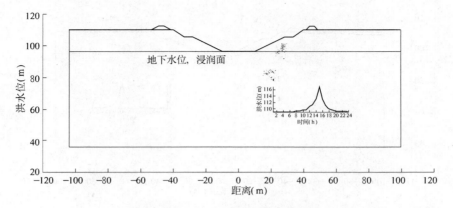

图 4-102　洪水开始时的地下水位

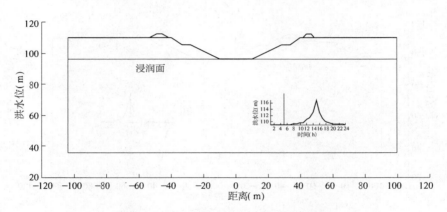

图 4-103　洪水开始后第 5 h 的地下水位

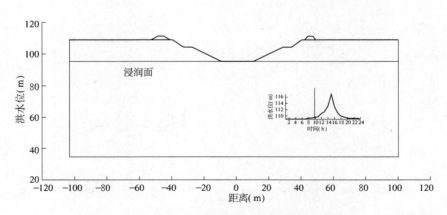

图 4-104　洪水开始第 10 h 的地下水位

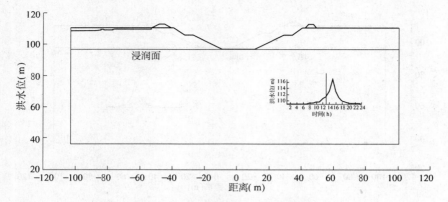

图 4-105 洪水开始第 13 h 的地下水位

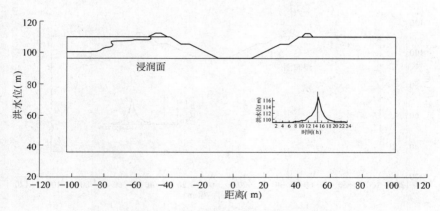

图 4-106 洪水开始第 15 h 的地下水位

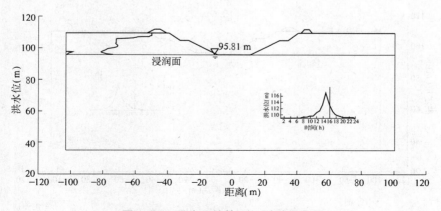

图 4-107 洪水开始第 16 h 的地下水位

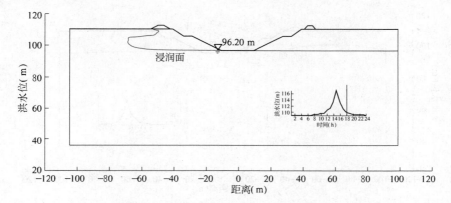

图 4-108　洪水开始第 18 h 的地下水位

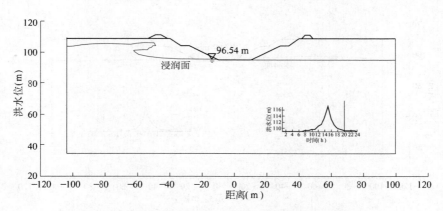

图 4-109　洪水开始第 20 h 的地下水位

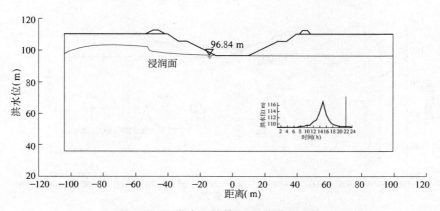

图 4-110　洪水开始第 22 h 的地下水位

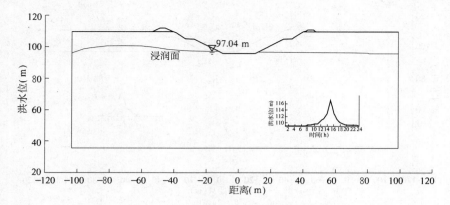

图 4-111 洪水开始第 24 h 的地下水位

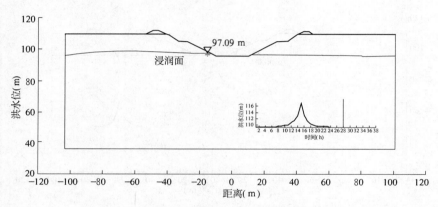

图 4-112 洪水开始第 28 h 的地下水位

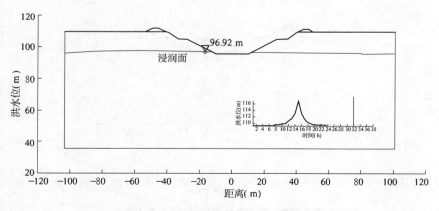

图 4-113 洪水开始第 32 h 的地下水位

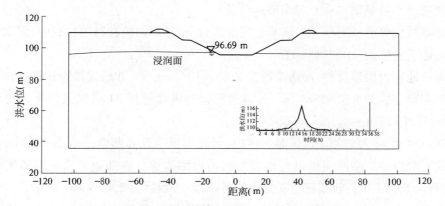

图 4-114 洪水开始第 36 h 的地下水位

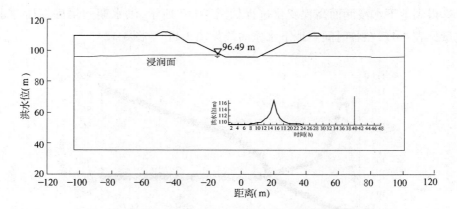

图 4-115 洪水开始第 40 h 的地下水位

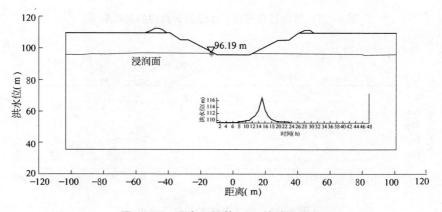

图 4-116 洪水开始第 48 h 的地下水位

5）河道洪水沿渠道纵向非稳定渗流计算

选择峪河为典型段进行了二维非稳定渗流分析，计算河道在行洪过程中，河水侧渗的范围及对地下水位抬升的影响。

砂砾石地基为均匀材料，渗透系数为 2.85×10^{-2} cm/s。非稳定渗流计算的初始条件为地下存在稳定地下水位 95.81 m。计算过程包括洪峰过程 24 h，以及洪水过程以后的 96 h，总共计算 120 h。

在洪峰时期，峪河向两岸渗流是对称的，因此非稳定计算断面选取峪河一半，作为洪峰过程的上游边界。峪河河堤以外地表为自由出渗边界。底部边界取到渠道底板以下 40 m，高程为 55.81 m。砂砾石地基为均匀材料，渗透系数为 2.85×10^{-2} cm/s，峪河河堤取渗透系数 5.0×10^{-5} cm/s。非稳定渗流计算的初始条件为地下存在稳定地下水位 95.81 m（渠道底板高程）。计算过程包括洪峰过程 24 h，以及洪水过程以后的 96 h，总共计算 120 h。

计算得到地下水浸润面高程变化过程如图 4-117 所示，洪水期间渠底扬压力水头及渗水流量见表 4-41，在各时间点地下水位曲线见图 4-118～图 4-124。

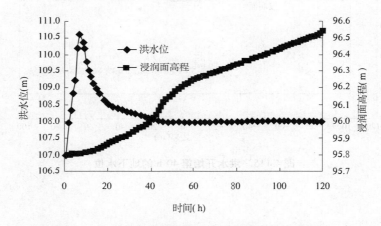

图 4-117　洪水过程与地下水浸润面高程的对应关系

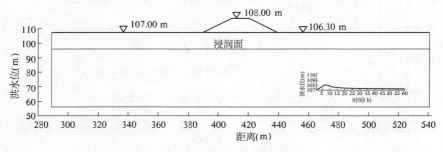

图 4-118　洪水开始时的地下水位

表 4-41 洪水期间渠底板扬压力水头及渗水流量

时段 (h)	洪水位 (m)	地下水位 (m)	时段 (h)	洪水位 (m)	地下水位 (m)	时段 (h)	洪水位 (m)	地下水位 (m)
1	107.00	95.80	41	108.08	96.03	81	108.00	96.35
2	107.97	95.80	42	108.06	96.04	82	108.00	96.35
3	108.36	95.80	43	108.04	96.06	83	108.00	96.36
4	108.83	95.81	44	108.02	96.09	84	108.00	96.36
5	109.21	95.81	45	108.00	96.11	85	108.00	96.37
6	110.23	95.81	46	108.00	96.12	86	108.00	96.37
7	110.60	95.81	47	108.00	96.14	87	108.00	96.38
8	110.40	95.81	48	108.00	96.15	88	108.00	96.38
9	110.23	95.82	49	108.00	96.16	89	108.00	96.39
10	109.80	95.82	50	108.00	96.17	90	108.00	96.39
11	109.53	95.82	51	108.00	96.18	91	108.00	96.39
12	109.35	95.82	52	108.00	96.19	92	108.00	96.40
13	109.16	95.82	53	108.00	96.19	93	108.00	96.40
14	109.02	95.83	54	108.00	96.20	94	108.00	96.41
15	108.95	95.83	55	108.00	96.21	95	108.00	96.41
16	108.89	95.83	56	108.00	96.22	96	108.00	96.42
17	108.82	95.84	57	108.00	96.23	97	108.00	96.42
18	108.67	95.85	58	108.00	96.24	98	108.00	96.43
19	108.61	95.86	59	108.00	96.24	99	108.00	96.43
20	108.54	95.87	60	108.00	96.25	100	108.00	96.44
21	108.50	95.88	61	108.00	96.25	101	108.00	96.44
22	108.47	95.89	62	108.00	96.26	102	108.00	96.45
23	108.44	95.89	63	108.00	96.26	103	108.00	96.45
24	108.42	95.90	64	108.00	96.27	104	108.00	96.46
25	108.40	95.90	65	108.00	96.27	105	108.00	96.46
26	108.38	95.90	66	108.00	96.28	106	108.00	96.47
27	108.36	95.91	67	108.00	96.28	107	108.00	96.47
28	108.34	95.91	68	108.00	96.29	108	108.00	96.48
29	108.32	95.92	69	108.00	96.29	109	108.00	96.48
30	108.30	95.93	70	108.00	96.30	110	108.00	96.49
31	108.28	95.93	71	108.00	96.30	111	108.00	96.49
32	108.26	95.94	72	108.00	96.30	112	108.00	96.50
33	108.24	95.95	73	108.00	96.31	113	108.00	96.50
34	108.22	95.96	74	108.00	96.32	114	108.00	96.51
35	108.20	95.97	75	108.00	96.32	115	108.00	96.51
36	108.18	95.97	76	108.00	96.33	116	108.00	96.52
37	108.16	95.98	77	108.00	96.33	117	108.00	96.52
38	108.14	95.99	78	108.00	96.34	118	108.00	96.53
39	108.12	96.00	79	108.00	96.34	119	108.00	96.54
40	108.10	96.01	80	108.00	96.34	120	108.00	96.54

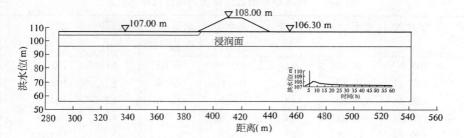

图 4-119　洪水开始后第 5 h 的地下水位

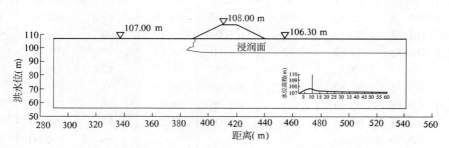

图 4-120　洪水开始后第 10 h 的地下水位

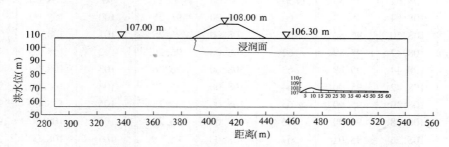

图 4-121　洪水开始后第 15 h 的地下水位

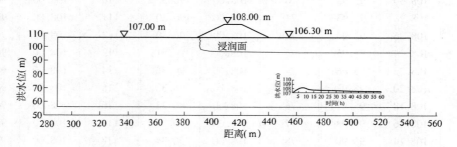

图 4-122　洪水开始后第 20 h 的地下水位

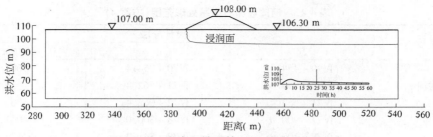

图 4-123　洪水开始后第 25 h 的地下水位

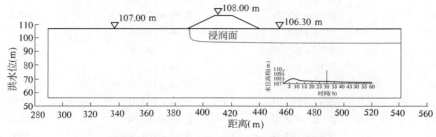

图 4-124　洪水开始后第 30 h 的地下水位

从计算结果来看,对均质渠基而言,一次洪水过程河水侧渗的影响范围为 60 ~ 100 m,地下水的抬高值约 1 m。

4.4　处理长度及处理方案

4.4.1　处理长度

对于左岸排水串流区,需考虑左岸外水渗流对地下水位的抬升,从计算结果来看,对均质渠基而言,一次洪水过程河水从总干渠左侧渗流至右侧,地下水的抬高值约 1.3 m。设计考虑对外洪水从总干渠左侧向右侧渗流预测平均水位抬高后水位、预测高地下水位高于渠底的渠段进行工程处理措施。

黄河北—羑河北段主要有峪河、石门河、沧河等 7 条河渠交叉建筑物两侧渠基为卵石地基,在 100 年、300 年一遇洪水位时,仅峪河出槽范围较大,但出槽后水深不大,约 1.5 m,午峪河、小凹沟、石门河河水虽出槽,但洪水出槽淹没范围不大,其他河流行洪时则基本不出槽。从非稳定渗流计算结果来看,河道侧渗影响范围不大,一般为 60 ~ 100 m,对地下水位的抬升亦不大,约 1 m。同时,由于二维非稳定渗流受地层结构、来流条件及排泄条件的制约无法一一进行计算,考虑到两岸滩地地质条件的复杂性及本工程的重要性,对河渠交叉附近卵石地基的处理长度按河渠交叉建筑物两侧不高于 500 m 考虑。

梁家园左岸排水串流区部分渠段在遭遇外洪水时,预测平均地下水位抬升后与预测高地下水位均低于渠底,不存在渠基抗浮稳定问题。对于大型河渠交叉建筑物附近,仅考虑河道两侧不高于 500 m 范围内遭遇外洪水稳定渗流时的渠基抗浮稳定问题。本次变更设计(方案 4)辉县段、石门河段、新乡和卫辉段处理长度合计 15.258 km,具体处理渠段见表 4-42。

表 4-42　河滩段卵石渠基处理范围(方案 4)

序号	设计分段		
	起	止	长度(m)
1	Ⅳ70 + 454.4	Ⅳ70 + 954.4	500
峪河	Ⅳ70 + 954.4	Ⅳ71 + 562.4	
2	Ⅳ71 + 562.4	Ⅳ72 + 062.4	500
3	Ⅳ77 + 900.0	Ⅳ78 + 300.0	400
4	Ⅳ78 + 300.0	Ⅳ78 + 541.2	241.2
5	Ⅳ78 + 541.2	Ⅳ78 + 709.0	167.8
6	Ⅳ78 + 709.0	Ⅳ78 + 876.8	167.8
7	Ⅳ78 + 876.8	Ⅳ79 + 109.0	232.2
8	Ⅳ79 + 109.0	Ⅳ79 + 481.0	372
9	Ⅳ79 + 481.0	Ⅳ79 + 837.0	356
10	Ⅳ79 + 837.0	Ⅳ80 + 145.0	308
11	Ⅳ80 + 145.0	Ⅳ81 + 433.0	1 288
12	Ⅳ81 + 433.0	Ⅳ81 + 762.4	329.4
13	Ⅳ81 + 762.4	Ⅳ82 + 262.4	500
午峪河	Ⅳ82 + 262.4	Ⅳ82 + 573.4	
14	Ⅳ82 + 573.4	Ⅳ82 + 855.0	281.6
15	Ⅳ82 + 855.0	Ⅳ83 + 159.7	304.7
旱生河	Ⅳ83 + 159.7	Ⅳ83 + 490.7	
16	Ⅳ83 + 490.7	Ⅳ83 + 990.7	500
17	Ⅳ83 + 990.7	Ⅳ84 + 495.0	504.3
18	Ⅳ84 + 495.0	Ⅳ84 + 818.8	323.8
19	Ⅳ84 + 818.8	Ⅳ85 + 400.0	581.2
20	Ⅳ85 + 400.0	Ⅳ85 + 584.1	184.1
王村河	Ⅳ85 + 584.1	Ⅳ85 + 915.1	
21	Ⅳ85 + 915.1	Ⅳ86 + 723.4	808.3
22	Ⅳ86 + 723.4	Ⅳ87 + 223.4	500
小凹沟	Ⅳ87 + 223.4	Ⅳ87 + 498.4	
23	Ⅳ87 + 498.4	Ⅳ87 + 998.4	500
24	Ⅳ87 + 998.4	Ⅳ89 + 014.0	1 015.6
25	Ⅳ89 + 014.0	Ⅳ90 + 717.0	1 703
26	Ⅳ90 + 717.0	Ⅳ91 + 329.4	612.4
27	Ⅳ91 + 329.4	Ⅳ91 + 730.0	400.6
28	Ⅳ91 + 730.0	Ⅳ91 + 829.4	99.4
石门河	Ⅳ91 + 829.4	Ⅳ93 + 005.4	
29	Ⅳ93 + 005.4	Ⅳ93 + 280.0	274.6
30	Ⅳ93 + 280.0	Ⅳ93 + 505.4	225.4
31	Ⅳ93 + 505.4	Ⅳ93 + 928.8	423.4
32	Ⅳ143 + 085.6	Ⅳ143 + 585.6	500
沧河	Ⅳ143 + 585.6	Ⅳ144 + 446.6	
33	Ⅳ144 + 446.6	Ⅳ144 + 600.0	153.4
合计			15 258.2

4.4.2 处理方案

4.4.2.1 方案比选

选取桩号Ⅳ71 + 562.4 ~ Ⅳ72 + 000.0 为典型渠段,渠段长 0.44 km,该渠段主要为卵石渠段,渠底分布一层壤土层,见图 4-125。

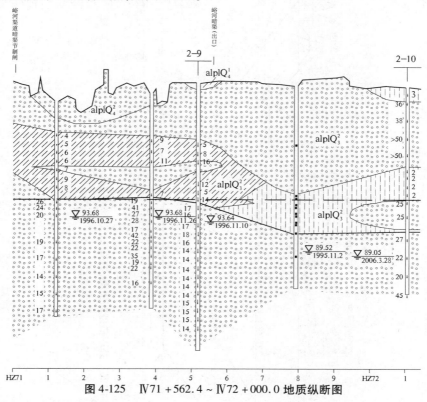

图 4-125　Ⅳ71 + 562.4 ~ Ⅳ72 + 000.0 地质纵断图

1)自排井布设方案比选

方案比选分为以下两个方案:

方案 e:采用在渠道一级马道以上布设贴坡排水,降低渠底扬压力,同时用盖重法处理渠底剩余扬压力的问题。贴坡排水采用 30 cm 干砌石压重,下铺设 20 cm 反滤料。

方案 f:在方案 e 的基础上,考虑在渠道两侧一级马道高程布设无砂混凝土管自流降压井,降低渠底剩余扬压力问题。降压井间距 20 m,井深 20 m。

经计算,河滩段卵石地基处理典型渠段的换填厚度见表 4-43。

表 4-43　典型渠段处理方案设计成果

方案	方案说明	厚度(m)	
		渠底	坡脚
e	换填黏土盖重	6.7	7.5
f	自流降压井 + 换填黏土盖重	5.3	5.9

两方案典型断面处理图见图 4-126、图 4-127。

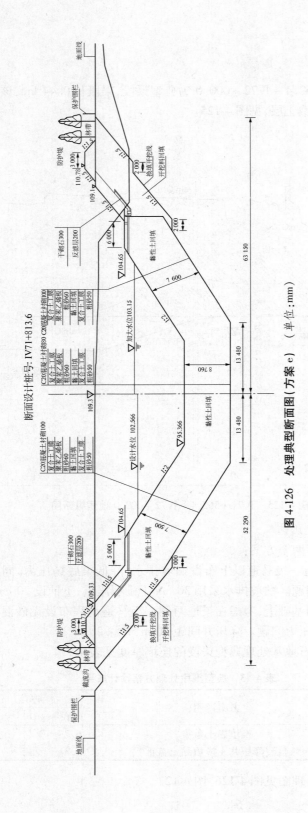

图 4-126 处理典型断面图（方案 e） （单位：mm）

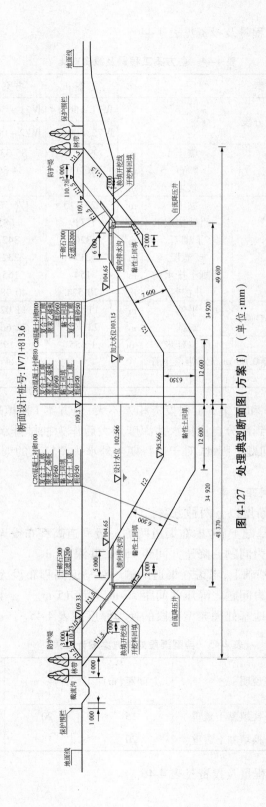

图 4-127 处理典型断面图(方案 f) (单位:mm)

经计算,各方案的工程量及投资见表4-44。

表4-44　各方案工程量及投资对比

方案				方案 e	方案 f	投资(万元)	
设计分段				Ⅳ71 + 562.4 Ⅳ72 + 000.0	Ⅳ71 + 562.4 Ⅳ72 + 000.0	方案 e	方案 f
工程量部分	开挖	壤土	m³	99 916	85 332	91.72	78.33
		卵石	m³	196 149	134 868	235.38	161.84
		软岩	m³	0	0	0	0
	回填	黏土	m³	223 113	176 790	539.04	427.13
		粗砂垫层	m³	1 739	1 685	2.81	2.72
		干砌石	m³	320	342	3.5	3.74
		反滤层	m³	217	232	1.8	1.92
		混凝土排水沟	m³	154	165	3.98	4.25
		开挖料	m³	70 524	40 987	79.48	46.19
	复合土工膜	平铺	m²	11 047	11 028	24.71	24.67
		斜铺	m²	23 731	22 668	53.49	51.09
固结灌浆		灌浆延米	m	1 655	1 198	238.31	172.61
排水井20 m(内径0.5 m,壁厚0.05 m,无砂混凝土管)			个	44	0	101.2	
合　计						1 274.2	1 075.7

表4-44 显示,方案 e 和方案 f 工程投资相差不大,但方案 f 换填厚度较小,施工降水难度相对较小,同时考虑到部分自流排水井深度加大后作为抽排排水井,解决完建期、检修期渠底衬砌抗浮稳定问题。因此,对于运行期内外水头差较大的渠段,采用方案 f 处理渠底衬砌抗浮稳定问题。

2)自排井井深及井间距方案

在方案 f 的基础上,新增以下两种方案:

方案 g:在方案 e 的基础上,考虑在渠道两侧一级马道高程布设无砂混凝土管自流降压井,降低渠底剩余扬压力问题。降压井间距15 m,井深20 m。

方案 h:在方案 e 的基础上,考虑在渠道两侧一级马道高程布设无砂混凝土管自流降压井,降低渠底剩余扬压力问题。降压井间距20 m,井深15 m。

经计算,河滩段卵石地基处理典型渠段的换填厚度见表4-45。

表4-45　典型渠段处理方案设计成果

方案	方案说明	井间距(m)	井深(m)	厚度(m)	
				渠底	坡脚
g	自流降压井 + 换填黏土盖重	15	20	5.1	5.6
h	自流降压井 + 换填黏土盖重	20	15	5.5	6.1

经计算,各方案的工程量及投资见表4-46。

表 4-46 各方案工程量及投资对比

方案				方案 g	方案 h	投资（万元）	
设计分段				Ⅳ71＋562.4	Ⅳ71＋562.4	方案 g	方案 h
				Ⅳ72＋000.0	Ⅳ72＋000.0		
工程量部分	开挖	壤土	m³	83 691	88 552	76.8	81.3
		卵石	m³	132 274	139 957	158.7	167.9
		软岩	m³	0	0	0	0
	回填	黏土	m³	173 390	183 461	418.9	443.2
		粗砂垫层	m³	1 653	1 749	2.7	2.8
		干砌石	m³	335	355	3.7	3.9
		反滤层	m³	228	241	1.9	2.0
		混凝土排水沟	m³	162	171	4.2	4.4
		开挖料	m³	40 199	42 534	45.3	47.9
	复合土工膜	平铺	m²	10 816	11 444	24.2	25.6
		斜铺	m²	22 232	23 523	50.1	53.0
固结灌浆		灌浆延米	m	1 175	1 243	169.3	179.1
排水井 20 m（内径 0.5 m，壁厚 0.05 m，无砂混凝土管）			m	1 167	656.4	134.2	75.5
合计						1 090.0	1 086.6

由以上分析可知，方案 e、f、g、h 中，自排井井间距为 20 m，井深为 20 m 时，投资最小，且开挖深度相对较小，方案 f 为优选方案。

3）盖重填料方案比选

在方案 f 的基础上，新增换填方案 i：渠底换填料保留 2.5 m 黏土，渠到底部其余采用开挖料作为压重。换填厚度同方案 f。

经计算，方案 i 的工程量及投资见表 4-47。

表 4-47 方案 i 的工程量及投资对比

方案				方案 i	投资（万元）
设计分段				Ⅳ71＋562.4	
				Ⅳ72＋000.0	
工程量部分	开挖	壤土	m³	85 332	78.3
		卵石	m³	134 868	161.8
		软岩	m³	0	0
	回填	黏土	m³	152 284	367.9
		粗砂垫层	m³	1 685	2.7
		干砌石	m³	342	3.7
		反滤层	m³	232	1.9
		混凝土排水沟	m³	165	4.3
		开挖料	m³	65 493	73.8
	复合土工膜	平铺	m²	11 028	24.7
		斜铺	m²	22 668	51.1
固结灌浆		灌浆延米	m	1 198	172.6
排水井 20 m（内径 0.5 m，壁厚 0.05 m，无砂混凝土管）			m	880	101.2
合计					1 044.0

由方案 i 在所有方案中投资相对较小,因此采用方案 i 处理渠道运行期渠基抗浮稳定问题。

4.4.2.2 处理措施

(1)根据渗流计算结果,大型河道两侧 500 m 范围内卵石渠段长 6.36 km,采取以下措施:

①渠道运行期遭遇外洪水时,渠内设计水深 7 m,渠道内外水头差采用换填黏土铺盖处理。

②渠道检修期渠外遭遇高地下水位,渠内无水时,渠道内外水头差采用换填黏土铺盖处理。

③对于一级马道以上内坡,采用 30 cm 干砌石护砌,干砌石下方铺设 20 cm 反滤料。

④渠道换填厚度取上述两种工况换填厚度的大值。

⑤渠道完建期遭遇常遇洪水,渠内无水时,采用在渠道两侧布设抽排排水井,排水井井深 30 m,排水井间距 30 m,降低渠底地下水位,使渠道衬砌板免受扬压力的顶托破坏。对自排排水井布设渠段,根据自排井的布设情况,考虑利用自排井加深作为抽排井,减少工程投资,解决完建期渠道衬砌抗浮稳定问题。

(2)大型河道两侧 500 m 范围以外卵石渠段,由于洪水在行洪期间无法形成扬压力,主要考虑以下工况:

工况Ⅰ:预测高地下水稳定渗流,渠内无水。

工况Ⅱ:行洪期河水从总干渠左侧向右侧渗流对预测平均地下水位抬高,渠内无水。

对以上两种工况进行抗浮稳定计算,结果取大值。

(3)处理方案。

河渠交叉建筑物两侧 500 m 内渠段,采用在渠道两侧一级马道高程布设无砂混凝土管自排井,降低渠底扬压力,并采用换填黏土铺盖解决渠道运行期渠基抗浮稳定问题;对渠道完建期采用布设抽排井进行强排,解决渠道完建期渠基抗浮稳定问题。

河渠交叉建筑物两侧 500 m 以外渠段,根据预测高地下水位及洪水期平均水位抬高后内外的水头差,确定换填铺盖厚度。

与河渠交叉建筑物进出口连接渠段,采用固结灌浆进出口渠段与盖重处理渠段连接。

方案 4 中各渠段处理措施见表 4-48,处理典型断面见图 4-128。

表 4-48　河滩段卵石渠基处理措施　　　　　　　　　　（单位:m）

序号	设计分段			盖重厚度		无砂混凝土管排水井			
	起	止	长度	渠底	渠坡	井间距	井深	内径	外径
1	Ⅳ70+454.4	Ⅳ70+954.4	500	5.3	5.9	20	30	0.5	0.6
峪河	Ⅳ70+954.4	Ⅳ71+562.4							
2	Ⅳ71+562.4	Ⅳ72+062.4	500	5.3	5.9	20	30	0.5	0.6
3	Ⅳ77+900.0	Ⅳ78+300.0	400	1.8	2				
4	Ⅳ78+300.0	Ⅳ78+541.2	241.2	2.6	2.9				
5	Ⅳ78+541.2	Ⅳ78+709.0	167.8	3.3	3.6				

序号	设计分段			盖重厚度		无砂混凝土管排水井			
	起	止	长度	渠底	渠坡	井间距	井深	内径	外径
6	Ⅳ78 + 709.0	Ⅳ78 + 876.8	167.8	3.7	4.2				
7	Ⅳ78 + 876.8	Ⅳ79 + 109.0	232.2	4	4.5				
8	Ⅳ79 + 109.0	Ⅳ79 + 481.0	372	3.7	4.2				
9	Ⅳ79 + 481.0	Ⅳ79 + 837.0	356	5.1	5.7				
10	Ⅳ79 + 837.0	Ⅳ80 + 145.0	308	5.1	5.7				
11	Ⅳ80 + 145.0	Ⅳ81 + 433.0	1 288	5.1	5.7				
12	Ⅳ81 + 433.0	Ⅳ81 + 762.4	329.4	5.1	5.7				
13	Ⅳ81 + 762.4	Ⅳ82 + 262.4	500	5.8	6.5	30	35	0.5	0.6
午峪河	Ⅳ82 + 262.4	Ⅳ82 + 573.4							
14	Ⅳ82 + 573.4	Ⅳ82 + 855.0	281.6	6.9	7.7	30	35	0.5	0.6
15	Ⅳ82 + 855.0	Ⅳ83 + 159.7	304.7	6.2	6.9	30	35	0.5	0.6
旱生河	Ⅳ83 + 159.7	Ⅳ83 + 490.7							
16	Ⅳ83 + 490.7	Ⅳ83 + 990.7	500	5.9	6.4	30	35	0.5	0.6
17	Ⅳ83 + 990.7	Ⅳ84 + 495.0	504.3	5.9	6.4				
18	Ⅳ84 + 495.0	Ⅳ84 + 818.8	323.8	4.6	4.9				
19	Ⅳ84 + 818.8	Ⅳ85 + 400.0	581.2	4	4.3				
20	Ⅳ85 + 400.0	Ⅳ85 + 584.1	184.1	4	4.3				
王村河	Ⅳ85 + 584.1	Ⅳ85 + 915.1							
21	Ⅳ85 + 915.1	Ⅳ86 + 723.4	808.3	3.8	4.1				
22	Ⅳ86 + 723.4	Ⅳ87 + 223.4	500	3.4	3.8	30	35	0.5	0.6
小凹沟	Ⅳ87 + 223.4	Ⅳ87 + 498.4							
23	Ⅳ87 + 498.4	Ⅳ87 + 998.4	500	3.5	3.9	30	35	0.5	0.6
24	Ⅳ87 + 998.4	Ⅳ89 + 014.0	1 015.6	3.6	4				
25	Ⅳ89 + 014.0	Ⅳ90 + 717.0	1 703	2	2.1				
26	Ⅳ90 + 717.0	Ⅳ91 + 329.4	612.4	2.2	2.4				
27	Ⅳ91 + 329.4	Ⅳ91 + 730.0	400.6	3.2	3.6	30	35	0.5	0.6
28	Ⅳ91 + 730.0	Ⅳ91 + 829.4	99.4	3.2	3.6	30	35	0.5	0.6
石门河	Ⅳ91 + 829.4	Ⅳ93 + 005.4							
29	Ⅳ93 + 005.4	Ⅳ93 + 280.0	274.6	3.5	3.9	30	35	0.5	0.6
30	Ⅳ93 + 280.0	Ⅳ93 + 505.4	225.4	3.5	3.9	30	35	0.5	0.6
31	Ⅳ93 + 505.4	Ⅳ93 + 928.8	423.4	3.5	3.9				
32	Ⅳ143 + 085.6	Ⅳ143 + 585.6	500	3.8	4.2	30	35	0.5	0.6
沧河	Ⅳ143 + 585.6	Ⅳ144 + 446.6							
33	Ⅳ144 + 446.6	Ⅳ144 + 600.0	153.4	4.3	4.8	30	35	0.5	0.6
合计			15 258.2						

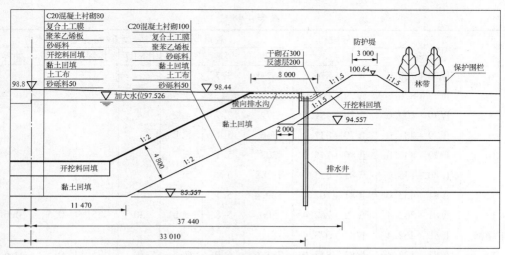

图4-128　河滩段卵石渠基处理典型断面图(方案4) （单位:mm）

4.4.3　工程量及工程投资

河滩段卵石地基处理渠段共布设排水井1.3万延米,挖填方量470.7万 m³,主要工程量见表4-49。工程投资合计2.823亿元,主要投资见表4-50。

表4-49　辉县段、石门河段、新乡和卫辉段河滩段地基处理工程量

渠段名称				辉县段	石门河段	新乡和卫辉段	总计
工程量部分	土方开挖	合计	m³	4 443 066	75 253	188 599	4 706 918
		壤土	m³	920 638	18 721	80 929	1 020 288
		卵石	m³	3 522 428	56 532	107 670	3 686 630
	土方回填	合计	m³	4 451 131	75 254	189 047	4 715 432
		黏土	m³	3 641 166	68 171	158 802	3 868 139
		砂砾料	m³	81 502	1 168	2 237	84 907
		混凝土排水沟	m³	7 808	0	497	8 305
	开挖料		m³	363 427	5 436	19 441	388 304
			m³	357 228	479	8 070	365 777
土工布(400 g/m²)		平铺	m²	362 237	8 922	14 874	386 033
		斜铺	m²	726 871	14 593	30 068	771 532
固结灌浆		造孔延米	m	5 904	1 344	3 518	10 766
		灌浆延米	m	2 397	581	1 655	4 633
排水井(内径0.5 m,0.6 m 外径,无砂混凝土管)		井延米	m	10 770	980	1 610	13 360
		混凝土	m³	198	17	28	243
		钢筋(Φ10)	t	1.91	0.2	0.3	2.41

表4-50　辉县段、石门河段、新乡和卫辉段河滩段地基处理工程投资 （单位:亿元）

设计分段	辉县段	石门河段	新乡和卫辉段	总计
合计	2.469	0.129	0.225	2.823

4.5　方案对比分析

由于黄河北河滩段卵石地基渠线较长,工程地质比较复杂,处理工程量及工程投资较大,因此经过多次研究讨论,并考虑了多种处理方案进行比选,各种方案均各有优缺点,综述如下。

方案1:采用盖重法处理卵石渠段渠基抗浮稳定问题。该方案具有以下特点:①考虑并解决了大型河渠交叉建筑物附近卵石渠段运行期遭遇外洪水时的渠基抗浮稳定问题;②使用复合土工膜作为防渗层,利用卵石开挖料作为压重,减小了黏土用量及弃料方量;③换填厚度总体相对较小,施工降水难度相对较小;④投资较小。

但方案1亦存在如下问题:①未考虑左岸排水串流区卵石渠段在遭遇外洪水时的渠基抗浮稳定问题;②未考虑渠道完建期遭遇外洪水时的渠基抗浮稳定问题;③复合土工膜局部失效后,防渗压重措施将完全失效。

方案2:采用盖重法+充水平压或截渗法处理卵石渠段渠基抗浮稳定问题。该方案具有以下特点:①同时考虑并解决了大型河渠交叉建筑物附近卵石渠段,以及左岸串流区卵石渠段在遭遇外洪水时渠基抗浮稳定问题;②考虑并解决了完建期河滩卵石渠段渠基抗浮稳定问题;③采用完建期向渠内充水至7 m水深,减小了换填铺盖厚度;④利用部分开挖料,减小了黏土用量和弃料方量;⑤截渗墙措施亦解决渠基抗浮稳定问题,施工环节少,且对渠基扰动小。

但方案2亦存在如下问题:①完建期充水平压难度大;②施工较为复杂,需做好工期安排,为确保工程安全须在度汛前完成渠道基础处理及衬砌施工,并在汛前应及时充水;③在工程运行过程中,需避免在汛期排干渠道内水进行检修;④部分渠段换填厚度较大,增加了施工降水难度;⑤在相对隔水层在渠道附近尖灭时,截渗墙作用将大为削弱;⑥处理长度及厚度调整后,土方开挖及工程投资较初设增加较多。

方案3:具有方案2相同的特点,并且考虑到土工膜局部失效时,渠道满足渗流稳定要求,但该方案换填填料层数较多,施工复杂且施工质量不宜控制。

方案4:采用盖重法和排水降压处理卵石渠段渠基抗浮稳定问题。该方案具有以下特点:①考虑并解决了大型河渠两侧500 m范围内卵石渠段遭遇外洪水时渠基抗浮稳定问题;②考虑并解决了渠道检修期遭遇高地下水位的渠基抗浮稳定问题;③布设降压井后,盖重厚度明显减小,同时减小了施工降水难度;④排水井可用于施工降水;⑤处理长度及盖重厚度减小后,土方开挖方量明显减小;⑥换填纯黏土铺盖,不易发生渗透破坏;⑦工程投资相对较小。

但方案4亦存在如下问题:①由于采用换填纯黏性土,增大了黏土用量和弃料方量;②自流排水井在长期运行后容易淤堵失效;③抽水泵站渠线分布较长,且采用的是人工启动,当渠道遭遇外洪水时,同时启动具有一定难度。

其他方案:考虑运行工况采取工程措施后,遭遇常遇外洪水,渠道被破坏后修复的方案,该方案虽可行,但其破坏后的工程范围、工程量难以计算,且破坏后将带走渠基内的小颗粒,易对总干渠渠道基础产生很严重的影响,因此设计将该方案舍弃。

根据上述各方案特点,综合比较各方案,确定选择方案4。

4.6 推荐方案设计

4.6.1 处理长度

黄河北—羑河北段主要有峪河、石门河、沧河等7条河渠交叉建筑物两侧渠基为卵石地基,在100年、300年一遇洪水位时,仅峪河出槽范围较大,但出槽后水深不大,约1.5 m,午峪河、小凹沟、石门河河水虽出槽,但洪水出槽淹没范围不大,其他河流行洪时则基本不出槽。从非稳定渗流计算结果来看,河道侧渗影响范围不大,一般为60~100 m,对地下水位的抬升亦不大,约1 m。同时,由于二维非稳定渗流受地层结构、来流条件及排泄条件的制约无法一一进行计算,考虑到两岸滩地地质条件的复杂性及本工程的重要性,对河渠交叉附近卵石地基的处理长度按河渠交叉建筑物两侧不高于500 m考虑。

对于左岸排水串流区,需考虑左岸外水渗流对地下水位的抬升,从计算结果来看,对均质渠基而言,一次洪水过程河水从总干渠左侧渗流至右侧,地下水的抬高值约1.3 m。本次设计考虑对外洪水从总干渠左侧向右侧渗流预测平均水位抬高后水位、预测高地下水位高于渠底的渠段进行工程处理措施。

根据计算结果,梁家园左岸排水串流区部分渠段在遭遇外洪水时,预测平均地下水位抬升后与预测高地下水位均低于渠底,不存在渠基抗浮稳定问题。变更设计辉县段、石门河段、新乡和卫辉段处理长度合计15.258 km,具体处理渠段见表4-42。

4.6.2 处理方案

河渠交叉建筑物两侧500 m内渠段,采用在渠道两侧一级马道高程布设无砂混凝土管自排井,降低渠底扬压力,并采用换填黏土铺盖解决渠道运行期渠基抗浮稳定问题;对渠道完建期采用布设抽排井进行强排,解决渠道完建期渠基抗浮稳定问题。

河渠交叉建筑物两侧500 m以外渠段,根据预测高地下水位及洪水期平均水位抬高后内外的水头差,确定换填铺盖厚度。

与河渠交叉建筑物进出口连接渠段,采用固结灌浆进出口渠段与盖重处理渠段连接。

各段处理措施及盖重厚度见表4-48。

4.6.3 工程投资

河滩段卵石地基处理渠段共布设排水井1.3万延米,挖填方量470.7万 m^3。工程投资合计2.823亿元,各设计单元主要投资见表4-50。

第 5 章 砂卵石渠道基础施工

5.1 概 述

南水北调中线一期工程黄河北—羑河北段渠基分布有大量的卵石,卵石透水性较强。当渠外遭遇较大洪水或地下水位较高时,洪水形成的渗流扬压力将影响渠道衬砌结构的稳定性,易对混凝土衬砌板形成顶托破坏,为确保工程安全需采取有效的处理措施。

黄河北—羑河北段的卵石主要分布在辉县、卫辉和鹤壁,卵石的成因主要为山前冲积、冲洪积、坡洪积,卵石多为深厚层,目前地质钻孔没有揭穿,从一些当地采砂取土留下的不规则深坑所揭露的地层情况来看,卵石多被砂石充填,但局部未充填,卵石的层理结构明晰,具体见图 5-1 ~ 图 5-3。

图 5-1 卵石层理结构现场照片 1

图 5-2 卵石层理结构现场照片 2

图 5-3　卵石层理结构现场照片 3

南水北调工程属于线形工程,施工战线长,工期也较长,且砂卵石渠基处理为渠道基础重要的处理措施之一,其处理措施最后实施的好坏将直接影响总干渠的安全。砂卵石渠基抗浮主要采取黏土压重辅以其他一些减压排水措施,因此其挖、填工程量大,如何选择合理的施工方法及施工质量控制原则就显得越来越重要,选择对了就能保证施工质量,节约投资;反之则费工费力而达不到预期的效果。因此,我们对此作了深入分析后提出了一些建议,请同行们参考,若有不当之处,敬请同行们批评指正。

5.2　施工方法

5.2.1　土方开挖

5.2.1.1　施工特点

由于各施工段地质、地形、地貌、水文气象以及地下水埋深等自然条件有很大差异,开挖方量大,沿线分布极不均衡,有的开挖面比较集中,交叉建筑物多,干扰也多;有的开挖深度大,高边坡问题突出,地表水、地下水以及气候条件对开挖影响较大,如处理不当,易发生工程或人身事故;有的因地形、地貌和地质、水文地质条件的不同,各类土壤的不同特性,在开挖时的施工难度差异甚大。因此,需要采取不同的施工工序和施工方法。

对地下水位高于渠底的渠段的施工的基本原则:

(1)首先考虑安排在地下水位较低的月份,如 12 月至次年 4 月份施工,采用适当的排水方案。

(2)应集中人力、物力快速施工,快挖快填,以降低地下水对施工造成的不利影响。

(3)总干渠穿越丘陵、平原、河滩、煤矿区等地段,有的还紧靠城镇,人口密集,施工干扰多,施工机械型式复杂,因此安全生产不能忽视。

(4)开挖量大于填筑方量的施工段,施工时应充分利用开挖弃土作为填筑土料使用,多余挖方优先调到相临施工段利用。

（5）施工分段,按渠段长度、工程规模和工程量,渠道土方平衡原则,施工排水方式等因素,将各施工区再划分成若干个施工小段,使小段内任务基本平衡,每段渠长一般以1~2 km为宜。

（6）总干渠两侧就近弃土或集中堆于弃渣区。

5.2.1.2 施工程序

本着先临建工程、后主体工程,先重点渠段、后一般渠段,上下渠段统筹兼顾的原则,根据不同渠段的特点在施工程序上分类进行安排。

（1）首先施工深挖方段及高填方段,可作为单项工程在施工时相对独立。

（2）渠道开挖要在施工亚段分段的基础上再进行分段、分层按开挖程序进行,以200 m左右为一段,以充分发挥机械效率。

5.2.1.3 施工方法

1）土方开挖（$H < 5$ m）

当渠道经过耕地时,采用2.75 m³ 铲运机进行开挖,对表层腐殖土进行清除,并集中在一起。待开挖完成后用2 m³ 装载机配合15 t自卸汽车运至弃土区,平铺在弃土区表层,用于复耕还田（见图5-4）。

图5-4 土方开挖施工现场

渠道土方为半挖半填时,上层土用74 kW 推土机开挖运输,将土运至两岸弃土区或渠堤填筑区。开挖土用于渠堤填筑时,其土料质量和含水量等指标应符合规程规范及填筑设计要求。

2）土方开挖（$H < 8$ m）

渠道土方为半挖半填且运土距离小于600 m时,采用6~8 m³ 的自行式铲运机进行开挖,并将土方运至两岸弃土区或渠堤填筑区。集中弃土段或填筑段,采用2 m³ 挖掘机配合15 t自卸汽车将土运至弃土区,或根据土方平衡规划将土料运至其他填筑区。

3）深挖方段土石方开挖（$H > 8$ m）

渠道挖深超过8 m时,渠道土方开挖属于深挖方段施工。渠道施工根据开挖深度配置不同的机械,开挖上部($H < 8$ m)时,同土方开挖($H < 8$ m)。当开挖至下部($H > 8$ m)时,采用 2 m³ 挖掘机配合 15 t 自卸汽车将土运至弃土区,或根据土方平衡规划将土方运至其他填筑区,其出土道路利用此段渠道的两端预留的坡道,或通过斜坡道由场内道路运至弃土区或其他填筑区。

在深挖方高边坡施工中要注意坡面防护,采取必要的施工防护措施。如在坡面开挖成型前先挖截流沟或临时排水沟,以防止当地水流入坡面;有工程措施的要预留保护层;尽可能缩短土质边坡的外露时间,将混凝土网格护坡、坡面排水沟、草皮护坡等工程措施及时跟上。

5.2.1.4 施工应注意的主要问题

(1)卵石土石方开挖应根据地形地质条件合理安排工期,保证工程顺利、安全和便于机械化施工,采取自上而下分层作业的方法组织施工,严禁超挖。开挖前应制定详细的施工规划,开挖部位应与施工期排水措施统筹考虑。

(2)开挖前,先清除表层不小于 30 cm 厚腐殖土,并对开挖边线区域内的树木、树根、杂草、废渣、垃圾等进行清理。

(3)土石方开挖应从上至下分层依次开挖,严禁自下而上或采取倒悬的开挖方法。

(4)开挖验收后的永久边坡应按设计要求及时防护(混凝土框格护坡)。永久或临时边坡上的建筑物或构筑物的建基面,如不能及时跟上下一道施工工序,应预留厚度足够的保护层。使用机械开挖时,实际施工的边坡坡度应适当留有修坡余量,再用人工修整,应满足设计要求的坡度和平整度。

(5)在施工期间应做好开挖区需要排水的设施,特别应做好基坑和边坡的排水,应采取适当的工程措施,严禁边坡范围外的降雨汇入开挖基坑内。

(6)雨季施工时,应采取有效措施防止雨水冲刷边坡和侵蚀地基土壤,保证地基质量和施工安全。冬季施工的开挖边坡修整及其护面和加固工作,宜在解冻后进行。

(7)施工机械应尽可能远离边坡边缘。

(8)边坡开挖过程中应及时进行施工地质编录。

5.2.2 土方填筑

5.2.2.1 填筑标准

(1)土料填筑工程开工前,施工单位应在指定的土料场及明渠开采区开挖填筑料,按照《土工试验规程》(SL 237—1999)进行与实际施工条件相仿的碾压试验,并根据其所获得的试验成果确定填筑施工参数。

土料碾压试验应进行铺土方式、铺土厚度、碾压机械类型及重量、碾压遍数、碾压含水量、压实土的干密度等试验。

(2)填筑土料的含水量应控制在最优含水量附近,填筑土料的含水量与最优含水量的允许偏差为 − 2% ~ +3%。

(3)根据均质坝土料的质量要求,渠堤填筑土料黏粒含量宜为 15% ~30%,塑性指数宜为 7 ~17,有较好的塑性和渗透稳定性,其他指标具体见表 5-1。

表 5-1　填筑土料质量指标

序号	项目	渠堤填筑料
1	黏粒含量	10% ~ 30%
2	塑性指数	7 ~ 17
3	渗透系数	碾压后小于 1×10^{-5} cm/s
4	有机质含量	<5%
5	水溶盐含量	<3%
6	天然含水量	与最优含水量或塑限接近
7	pH 值	>7
8	SiO_2/R_2O_3	>2

(4)填筑体应分层回填、分层碾压,填筑土料的压实度不小于98%(Ⅷ度地震区为100%),干密度不小于 1.68 g/cm³。

5.2.2.2　填筑施工技术要求

(1)按设计要求和现行土方填筑施工规程规范的要求组织施工。

(2)做好测量、放线和高程水准的控制,保证工程位置和尺寸的准确。应按要求将土料铺至规定部位,严禁将砂(砾)料或其他透水料与黏性土料混杂,上渠堤土料中的杂质应予清除。

(3)按照挖、填平衡规划取料,充分利用本渠段开挖方土料,填土不足部分调运其他段可利用余土或从料场借土。

(4)基面清理后应及时报验,基面验收后应及时施工。不能及时施工的,应做好基面保护,复工前应再检验。

(5)地面起伏不平时,应按水平分层由低处开始逐层填筑,不得顺坡铺填;为使填土和地面良好结合,横向(垂直总干渠方向)填方部位地面削坡坡度不应陡于1:2,纵向(顺总干渠方向)地面削坡坡度不应陡于1:3。压实时压实机械应按照平行渠道轴线方向进行,相邻碾压轨迹及相邻材料连接处的碾压至少应有 0.5 m 的搭接,不允许出现漏压。

(6)机械碾压不到的部位,应辅以小型夯具夯实,夯实时应采用连环套打法,夯迹双向套压,夯压夯1/3,行压行1/3;分段、分片夯实时,夯迹搭压宽度应不小于1/3夯径。

(7)作业面应分层统一铺土、统一碾压,并配备人员或平土机具参与整平作业,分段作业面的最小长度不应小于100 m;人工施工时,段长可适当减短。

(8)若发现局部"弹簧土"、层间光面、层间中空、松土层或剪切破坏等质量问题,应及时进行处理,并经检验合格后,方可进行下一层土填筑施工。

(9)在雨雪天气下尤其应注意填筑施工质量的控制,有以下一些事项需引起特别重视:

①雨天应及时压实作业面,并做成中央凸起向两边倾斜。日降雨量大于 50 mm 时,应停止填筑施工。

②填筑面在下雨时不宜人行践踏,并应严禁车辆通行。雨后恢复施工,填筑面应经晾晒、复压处理,必要时应对表层再次进行清理,并待质检合格后及时复工。

③尽量不在负温下施工,如具备保温措施,可在气温不低于 -10 ℃ 的情况下施工。

④负温施工时应取正温土料;装土、铺土、碾压、取样等工序,都应采取快速连续作业,土料压实时的气温必须在 -1 ℃以上。

5.2.2.3　施工程序及施工方法

土方填筑首先进行清基开挖,然后根据设计要求进行地基处理,回填过程中应本着挖填结合的原则,分层碾压夯实,填筑至设计高程后,以机械为主配人工削坡达设计断面。

填筑前采用推土机将填筑地段表层的石块、淤泥、细砂、腐殖土和有机杂物清理干净。再采用碾压机械对基础面进行碾压,压实标准应不低于填方体的压实干密度。填筑材料必须符合设计要求,在一般情况下,渠堤采用均质土料填筑。土料含水量应符合压实要求,当土料含水量偏离最优含水量时,应在土区对土料进行翻晒或洒水处理,以满足要求。

土方填筑应根据土料的性质分别采用不同的施工机械。黏性土、壤土回填采用 8 ~ 20 t 振动碾压实。回填土压实统一采用 74 kW 履带拖拉机压实(见图 5-5),边角部位用 2.8 kW 蛙式打夯机夯实。

图 5-5　填筑碾压施工现场

填方压实体的含水率及干密度须满足设计要求的标准。渠道土方填筑时,为保证设计断面内压实干密度不低于设计要求标准,按规范要求,铺料时在内外边坡预留 30 ~ 50 cm 的削坡余量,并且在临近设计边坡线 30 cm 范围内的压实干密度不低于设计要求,因渠道衬砌约滞后渠道填筑形成渠道断面半年后进行,为防止雨淋或人为破坏,边坡预留削坡余量在渠道衬砌前完成。施工时采用 74 kW 推土机配合人工沿设计边坡线削去余土,修整边坡。

5.2.2.4　填筑材料及其开采要求

(1)填筑材料应是经过工程地质勘探且合格的料场取得的土料,或从渠道本身开挖获得的合格土料。填筑材料不应含有冰、树根、表土、杂质以及任何其他由监理工程师确定为不合适的材料。

(2)土料的开采方式应根据料场具体情况、施工条件等因素选定。

(3)对土料场应经常检查所取土料的土质情况,土块大小、土料含水量等是否符合填筑要求。若不满足,应采取相应措施使之达到设计及施工要求。

(4)土料开采,应在料场严格控制土料的含水量,土料的含水量应在最优含水量

的 −2% ~ +3% 。

5.2.3 砂砾(石)垫层铺设

5.2.3.1 砂砾(石)垫层料质量要求

垫层料应材质新鲜,抗风化能力强,含泥量不大于 5% ,压实后的相对密度不宜小于 0.7,同时垫层料应满足级配要求,级配范围如图 5-6 和表 5-2 所示。垫层料可采用人工轧制或筛分。

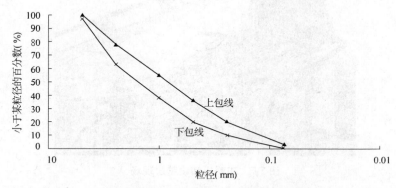

图 5-6　垫层料设计级配曲线

表 5-2　设计级配曲线范围

粒径 (mm)	累计筛余百分比(%)	
	上包线	下包线
5.0	100	97
2.5	78	63
1.0	55	38
0.5	36	20
0.25	20	10
0.075	3	0

5.2.3.2 砂砾(石)垫层料施工技术要求

(1)砂砾料宜分层分段洒水振动压实填筑,其压实设备、铺料厚度、压实方式、碾压遍数和含水率等施工参数应通过现场碾压试验确定。

(2)坡面砂砾料摊铺宜采用布料机(见图 5-7),渠底砂砾料可采用推土机摊铺。

(3)坡面砂砾料可采用振动碾压成型机械碾压密实。采用振动碾压成型机械施工时可采用:上坡振动碾压,下坡滚动静压,振动期间可适量洒水。

(4)坡面砂砾料压实厚度应高于设计坡面,应留有足够的削坡余量,一般高出 5 cm 左右。

(5)施工作业面必须统一管理,专人控制。铺料厚度用钢尺或测量仪器控制。严格按碾压试验确定的施工参数控制施工,做到统一铺料,统一碾压;分段摊铺时,每段长度≤

100 m。

(6)砂砾料垫层表面平整度用 2 m 靠尺或测量仪器控制,应小于等于 1 cm/2 m。

(7)垫层铺设好后应做好保护,严禁踩踏破坏,如存在局部破坏应及时休整,并做好表面整平处理。

图 5-7　布料机铺设垫层现场

5.2.4　土工布铺设

5.2.4.1　土工布质量要求

采用 400 g/m² 的聚酯长丝针刺土工布作为反滤材料,根据《水利水电工程土工合成材料应用技术规范》(SL/T 225—98)、《土工合成材料》(GB/T 17640—1999)及南水北调中线工程的特点,土工布技术性能指标应符合下列要求:

(1)为满足土工布的反滤性能,土工布的有效孔径应满足以下 3 个性能,即保土性、透水性和防堵性。

(2)土工布应采用全新原料,不得添加再生料。

(3)土工布应无破损、无边角不良,土工布的布面应均匀,无折痕,土工布内无杂物及僵丝,同时应满足以下要求:

厚度≥2.8 mm;

断裂强力≥20 kN/m;

断裂伸长率≥50%;

CBR 顶破强力≥3.5 kN;

撕破强力≥0.56 kN;

垂直渗透系数:$i \times (10^{-1} \sim 10^{-2})$ cm/s。

5.2.4.2　土工布施工技术要求

(1)铺放应平顺,自然松弛与基层(或垫层)贴实,不宜褶皱、悬空,特殊情况需要褶皱布置时,应另作特殊处理。

(2)有损坏处,应修补或更换。相邻片(块)可搭接 300 mm;相邻织物块拼接可用搭接或缝接,一般可用搭接,平地搭接宽度可取 30 cm,不平地面或极软土应不小于 50 cm;水下铺设应适当加宽。

（3）预计织物在工作期间可能发生较大位移而使织物拉开时,应采用缝接（见图 5-8）。

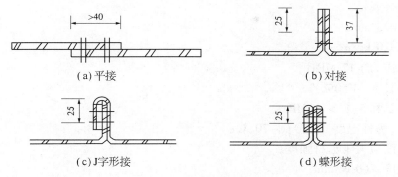

（a）平接　　　　　　　　　　　（b）对接

（c）J字形接　　　　　　　　　　（d）蝶形接

图 5-8　接缝形式

（4）流水中铺设时,搭接处上游织物块应盖在下游块之上。

（5）坡面上铺设宜自下而上进行,在顶部和底部应予固定;坡面上应设防滑钉,并应随铺随压重（见图 5-9）。

图 5-9　土工布铺设现场

（6）铺设工人应穿软底鞋,以免损伤织物。

（7）织物铺好后,应避免受日光直接照射,随铺随填,或采取保护措施。

5.2.5　复合土工膜铺设

5.2.5.1　复合土工膜质量要求

复合土工膜采用规格为 600 g/m² 两布一膜（150 g/m² – 0.3 mm – 150 g/m²）复合土工膜,布为宽幅（幅宽大于 5 m）聚酯长丝针刺土工布。根据《聚乙烯土工膜》（GB/T 17643—1998）、《土工合成材料》（GB/T 17639—1998、GB/T 17642—1998）,复合土工膜技术性能指标应符合下列要求:

（1）复合体幅宽应大于 5 m。

（2）复合土工膜应采用全新原料，不得添加再生料，聚乙烯膜应为无色透明，无需添加炭黑。

（3）复合土工膜满足下列指标：

①聚乙烯膜：

膜厚≥0.3 mm；

密度>920 kg/m^3；

破坏拉应力>17 MPa；

断裂伸长率>450%；

弹性模量在 5 ℃ >70 MPa；

抗冻性（脆性温度）不低于 −70 ℃；

联结强度应大于母材强度；

撕裂强度>60 N/mm；

抗渗强度在 1.05 MPa 水压力时 48 h 不渗水；

渗透系数<10^{-11} cm/s。

②复合土工膜（复合体）：

厚度≥2.7 mm；

断裂伸长率>50%；

断裂强力≥14 kN/m；

CBR 顶破强力≥2.8 kN；

撕破强力≥0.4 kN/m；

剥离强度≥6 N/cm

耐静水压力≥0.6 MPa；

垂直渗透系数<10^{-11} cm/s。

5.2.5.2　复合土工膜施工技术要求

（1）施工前应对复合土工膜进行抽检，可参照《土工合成材料测试规程》（SL/T 235—1999）执行。

（2）铺设前应根据施工进度计划，按坡、底单元工程顺水流方向依次实施。

（3）铺设时应与基础贴紧并自然松弛，不得出现褶皱、悬空等现象。

（4）塑料薄膜的接缝可采用焊接或搭接。焊接有单层热合与双层热合两种，如图 5-10、图 5-11 所示。各铺设幅之间搭接宽度不小于 10 cm，采用现场双缝焊接，不得出现虚焊、漏焊或超量焊。若出现虚焊、漏焊，必须切开焊缝，使用热熔挤压机对切开损伤部位用大于破损直径一倍以上的母材进行补焊。现场焊接土工膜可采取以下步骤：

①用干净纱布擦拭焊缝搭接处，做到无水、无尘、无垢；土工膜应平行对正。

②根据当时当地气候条件，调节焊接设备至最佳工作状态后，做小样焊接试验。

③采用现场撕拉检验试样，焊缝不被撕拉破坏，母材被撕裂认为合格。

④现场撕拉试验合格后，用已调节好工作状态的热合机逐幅进行正式焊接。

⑤用挤压焊接机进行 T 字形结点补疤和特殊结点的焊接。

(5)复合土工膜铺设完毕,应在边缘部位压紧固定,与刚性结构物连接时宜选择合理的锚固连接型式。

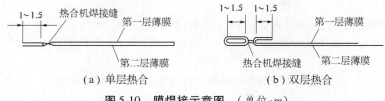

（a）单层热合 （b）双层热合

图 5-10 膜焊接示意图 （单位:m）

图 5-11 土工膜焊接施工现场

5.3 施工过程中应注意的问题

由于南水北调工程属于线性工程,总干渠长达 1 300 多 km,渠道前期地勘工作不可能达到枢纽工程勘察的精度,其次总干渠所经地区多为山前到平原的过渡地带,地层相变较大,因此在渠道开挖过程中局部地段地层可能会发生变化,根据目前施工的情况来看,主要有两种情况需引起重视:

(1)地层界面发生变化。开挖后的实际地层与原勘探不同,卵石与土界面发生了变化,开挖后卵石的层面高程低了或者高了。

(2)砂卵石胶结、充填情况发生变化。

①开挖后的有些卵石胶结得很好,钙质或泥质胶,挖掘机挖不动,需采用其他破碎机械破碎,更有甚者需对其采用爆破等施工方法。

②局部段开挖后无卵石,全部都是中细砂(当地俗称"砂窝子"),极为松散,对渠坡稳定不利。

若在施工现场发现上述几种情况,业主、设计、施工、监理等单位应引起高度重视,共同研究一个完善、详细的处理方案,以确保工程的安全及工程的顺利实施。

参 考 文 献

[1] 刘杰. 土石坝渗流控制理论基础及工程经验教训[M]. 北京:中国水利水电出版社,2006.

[2] R. 大卫登柯夫. 土坝中反滤层的组成[C]//水利电力部交通部南京水利科学研究所. 渗流译文汇编(第二辑). 1961:35-43.

[3] 朱崇辉,刘俊民,王增红. 粗粒土的颗粒级配对渗透系数的影响规律研究[J]. 人民黄河,2005,27(12):7-9.

[4] P. T. 斯罗波田. 水工建筑物土壤内渗流临界坡降的研究[C]//水利电力部交通部南京水利科学研究所. 渗流译文汇编(第二辑). 1961:86-94.

[5] 冯郭铭,付琼华. 测定土的双向渗透系数的仪器装置和方法[J]. 大坝观测与土工测试,1997,21(3):23-25.

[6] 李广信,周晓杰. 堤基管涌发生发展过程的试验模拟[J]. 水利水电科技进展,2005,25(6):21-24.

[7] 毛昶熙,段祥宝,蔡金傍,等. 堤基渗流管涌发展的理论分析[J]. 水利学报,2004(12):46-50.

[8] 毛昶熙,段祥宝,蔡金傍,等. 堤基渗流无害管涌试验研究[J]. 水利学报,2004(11):46-54.

[9] 速宝玉,朱岳明. 不变网格确定渗流自由面的节点虚流量法[J]. 河海大学学报,1991,19(5).

[10] 吴梦喜,等. 有自由面渗流分析的虚单元法[J]. 水利学报,1994(8).

[11] 速宝玉,沈振中,等. 基于变分不等式理论的渗流有限元截止负压法[J]. 水利学报,1995(5).

[12] 张家发,吴昌瑜,朱国胜. 堤基渗透变形扩展过程及悬挂式防渗墙控制作用的试验模拟[J]. 水利学报,2002(9):108-112.

[13] 毛昶熙,段祥宝. 堤基渗流无害管涌试验研究[R]. 南京:南京水利科学研究院,2003.

[14] 王理芬,曹敦履. 荆江大堤堤基管涌破坏[J]. 长江科学院院报,1991,6(3):44-51.

[15] A. E. 薛定谔. 多孔介质中的渗流物理[M]. 北京:石油工业出版社,1982.

[16] Athy L F, Density. Porosity and compaction of sedimentary rocks, Bull. Amer. Ass. Petrol. Geog. 1930,14:1-24.

[17] 毛昶熙. 渗流计算分析与控制[M]. 北京:中国水利水电出版社,2003.

[18] Fair G M, Hatch L P. Fundamental factors governing the streamline flow of water through sand, J. Amer. Water Works Ass., 25, 1551-1565.

[19] J. 贝尔. 多孔介质流体动力学[M]. 李竞生,陈崇希译. 北京:中国建筑工业出版社,1983.

[20] 毛昶熙,等. 堤防工程手册[M]. 北京:中国水利水电出版社,2009.

[21] 沙金煊. 农田不稳定排水理论与计算[M]. 北京:中国水利水电出版社,2004.

[22] 河南省水利勘测设计研究有限公司. 南水北调中线一期工程总干渠黄河北—羑河北鹤壁段设计单元渠道河滩卵石地基处理设计变更报告[R]. 2009.

[23] 河南省水利勘测设计研究有限公司. 南水北调中线一期工程总干渠黄河北—羑河北辉县段、石门河段及新乡和卫辉段设计单元渠道河滩卵石地基处理设计变更报告[R]. 2009.

[24] 谢兴华,宁博. 大型渠道砂卵石地基渗流与底板抗浮研究——以南水北调中线一期工程总干渠黄北段为例[R]. 南京:南京水利科学研究院,2009.

[25] 谢兴华,谈叶飞. 大型渠道砂卵石地基渗流与底板抗浮研究——南水北调中线一期工程总干渠黄河北—羑河北段(非稳定渗流分析及管网排渗)[R]. 南京:南京水利科学研究院,2010.

[26] 詹美礼,速宝玉. 小湾电站坝基地下厂房整体渗控系统优化布置计算分析[R]. 南京:河海大学,2001.

［27］周红星,曹洪,林洁梅.管涌破坏机理模型试验砂卵石覆盖层模拟方法的影响研究［J］.广东水利水电,2005(2):6-8.

［28］章为民,等,长河坝水电站筑坝材料物理力学特性试验研究［R］.南京水利科学研究院,2006.

［29］张丽娟,汪益敏,陈页开.ISS 土壤固化剂在渠道防渗中的试验研究［J］.中国农村水利水电,2004(6):18-21.

［30］李安国,等.渠道防渗工程技术［M］.北京:中国水利水电出版社,1998.

［31］冯有亭.垂直铺塑防渗技术在渠道中的试验应用［J］.宁夏农学院学报,2002,23(3):37-39.

［32］吴铭,王金成,陈海燕.大型排水构筑物的抗浮设计［J］.特种结构,2004,21(1):15-16.

［33］郜东明,谭跃虎,马伟江.地下结构的抗浮分析［J］.地下工程,2006,9(7):60-62.

［34］华锦耀,郑定芳.地下建筑抗浮措施的选用原则［J］.建筑技术,2003,34(3):202-203.

［35］张景花.地铁车站的抗浮设计［J］.山西建筑,2010,36(8):122-123.